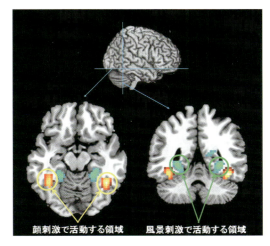

図1.1 脳の機能局在 ［本文5ページ参照］

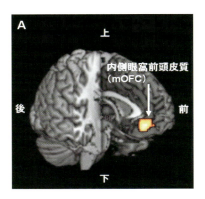
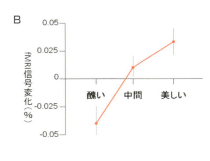

図1.2 ［本文5ページ参照］

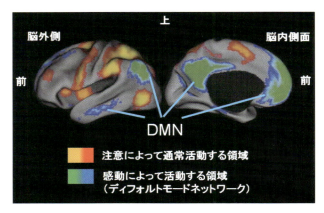

図1.3 ディフォルトモードネットワークと注意のネットワーク
　　　［本文7ページ参照］

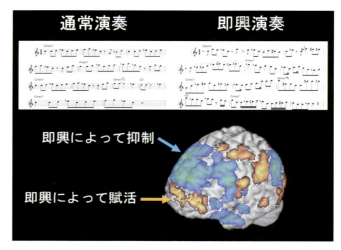

図 1.4 ［本文 8 ページ参照］

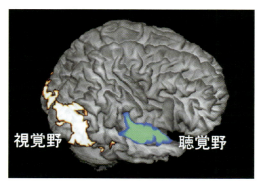

図 1.5 後頭部にある視覚情報の処理を行う視覚野と，両側の側頭部にある聴覚情報の処理を行う聴覚野［本文 9 ページ参照］

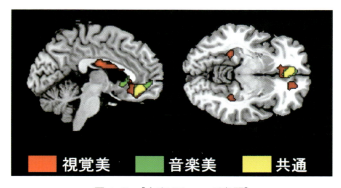

図 1.6 ［本文 10 ページ参照］

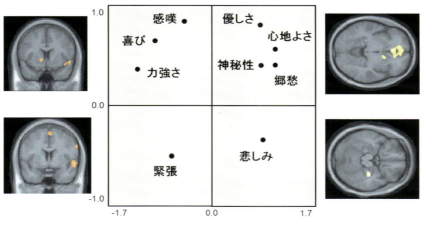

図 1.7 ［本文 11 ページ参照］

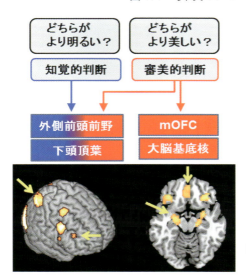

図 1.9 ［本文 14 ページ参照］

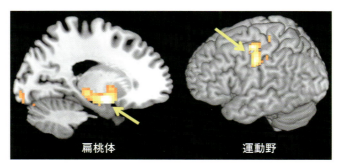

図 1.11 醜の体験によって賦活される脳部位，扁桃体（矢上断面，左），運動野（右）（Ishizu and Zeki, 2011 に基づき改変）［本文 16 ページ参照］

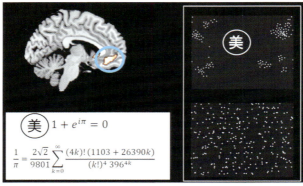

数学方程式　　　　　点の運動

図1.12　Zeki and Stutters（2012）と Zeki et al.（2014）で用いられた刺激例［本文21ページ参照］

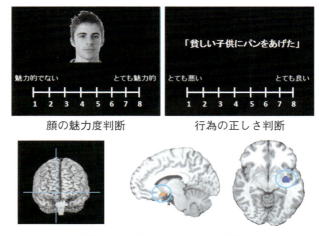

顔の魅力度判断　　　　行為の正しさ判断

図1.13　［本文24ページ参照］

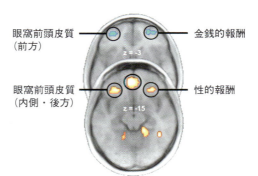

図1.14　眼窩前頭皮質内の機能的役割分担［本文26ページ参照］

図2.1　スーラ「グランド・ジャッド島の日曜日の午後」（1886年）［本文34ページ参照］

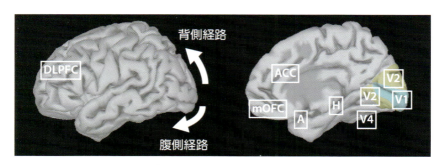

図2.2　本章で取り上げた色彩にかかわる領域一覧［本文38ページ参照］

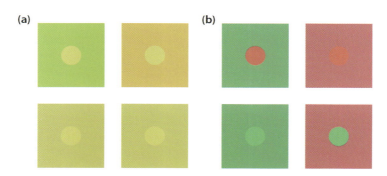

図2.3　同時対比の例［本文39ページ参照］

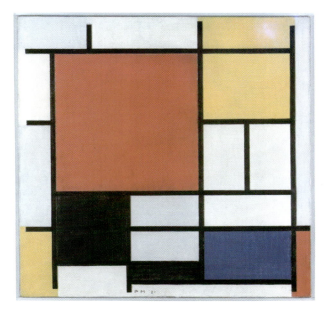

図 2.4 モンドリアン「赤,黄,青と黒のコンポジション」
(1921 年)[本文 40 ページ参照]

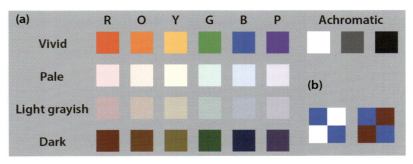

図 2.5 (a) fMRI 実験で用いた色の一覧,(b) 二色配色例(Ikeda et al., 2015, 改変)[本文 45 ページ参照]

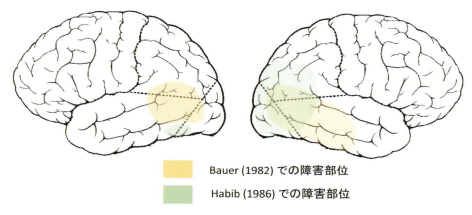

図 4.6 視覚性情動低下症の責任病巣 ［本文 106 ページ参照］

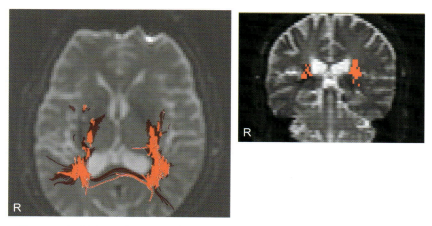

図 4.9 自験例 2 の音楽無感症例のトラクトグラフィ ［本文 110 ページ参照］

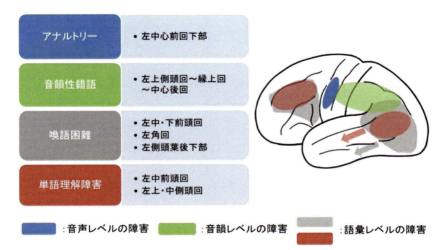

図 5.3　要素的な症状と機能局在の関係（大槻，2007，一部改変）
［本文 123 ページ参照］

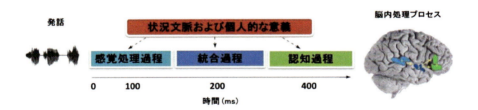

図 5.9　感情的プロソディ処理の 3 段階仮説と経時的な脳内処理プロセス
（Schirmer et al., 2006，一部改変）［本文 137 ページ参照］

『情動学シリーズ 10　情動と言語・芸術』口絵追加分

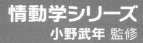

情動学シリーズ 10
小野武年 監修

認知・表現の脳内メカニズム

Emotion in Language and Art

情動と言語・芸術

川畑秀明
森 悦朗
編集

朝倉書店

情動学シリーズ　刊行の言葉

　情動学（Emotionology）とは「こころ」の中核をなす基本情動（喜怒哀楽の感情）の仕組みと働きを科学的に解明し，人間の崇高または残虐な「こころ」，「人間とは何か」を理解する学問であると考えられています．これを基礎として家庭や社会における人間関係や仕事の内容など様々な局面で起こる情動の適切な表出を行うための心構えや振舞いの規範を考究することを目的としています．これにより，子育て，人材育成および学校や社会への適応の仕方などについて方策を立てることが可能となります．さらに最も進化した情動をもつ人間の社会における暴力，差別，戦争，テロなどの悲惨な事件や出来事などの諸問題を回避し，共感，自制，思いやり，愛に満たされた幸福で平和な人類社会の構築に貢献するものであります．このように情動学は自然科学だけでなく，人文科学，社会科学および自然学のすべての分野を包括する統合科学です．

　現在，子育てにまつわる問題が種々指摘されています．子育ては両親をはじめとする家族の責任であると同時に，様々な社会的背景が今日の子育てに影響を与えています．現代社会では，家庭や職場におけるいじめや虐待が急激に増加しており，心的外傷後ストレス症候群などの深刻な社会問題となっています．また，環境ホルモンや周産期障害にともなう脳の発達障害や小児の心理的発達障害（自閉症や学習障害児などの種々の精神疾患），統合失調症患者の精神・行動の障害，さらには青年・老年期のストレス性神経症やうつ病患者の増加も大きな社会問題となっています．これら情動障害や行動障害のある人々は，人間らしい日常生活を続けるうえで重大な支障をきたしており，本人にとって非常に大きな苦痛をともなうだけでなく，深刻な社会問題になっています．

　本「情動学シリーズ」では，最近の飛躍的に進歩した「情動」の科学的研究成果を踏まえて，研究，行政，現場など様々な立場から解説します．各巻とも研究や現場に詳しい編集者が担当し，1）現場で何が問題になっているか，2）行政・教育などがその問題にいかに対応しているか，3）心理学，教育学，医学・薬学，脳科学などの諸科学がその問題にいかに対処するか（何がわかり，何がわかって

いないかを含めて）という観点からまとめることにより，現代の深刻な社会問題となっている「情動」や「こころ」の問題の科学的解決への糸口を提供するものです．

なお本シリーズの各巻の間には重複があります．しかし，取り上げる側の立場にかなりの違いがあり，情動学研究の現状を反映するように，あえて整理してありません．読者の方々に現在の情動学に関する研究，行政，現場を広く知っていただくために，シリーズとしてまとめることを試みたものであります．

2015 年 4 月

小野武年

●序

　かつて「言語は左脳，芸術は右脳」といわれていた時代があったが，脳機能画像研究をはじめとした脳研究が進むにつれ，言語も芸術も左右半球のどちらかだけによるものではなく，言語と芸術とはそれほど独立した精神活動ではないことも明らかになってきた．言語も芸術も，人の情動を認知し，表現するための媒体として理解することができ，両者はそれぞれ「情動」との接点として理解することが重要であろう．

　本書は，「情動と言語・芸術」というテーマのもと，全5章から構成されている．第1章から第3章では，視覚芸術に関する心理学的・脳神経科学的知見が論じられている．19世紀後半から芸術や美の知覚的側面を明らかにしようとする研究は実験美学という領域を確立し，さらに20世紀末から芸術や美を脳の働きとして理解しようとする研究は神経美学とよばれるようになってきた．心理学でも脳神経科学でも芸術に対する関心は常に示されてきたが，体系的な理解にはほど遠く，盛んに研究がなされ，知見の蓄積がなされるようになったのはごく最近である．第1章では，まさに神経美学の最新の動向について，脳機能画像と非侵襲脳刺激法を用いた研究がふんだんに紹介されている．第2章では，色覚から配色の美的認知に至るまで，芸術における色彩認知の脳機能の研究が紹介されている．これらの2章が芸術認知に関する最新の脳機能研究の動向を紹介したものであるのに対して，第3章では脳機能障害における芸術表現に関する知見が論じられている．視覚芸術の認知的側面と表現的側面との両側面とを併せて理解することが，これらの章をもとに可能であると期待したい．

　第4章は，音楽の認知と表現に関して，おもに失音楽症や音楽無感症に関する豊富な症例が紹介されている．第3章とともに神経学的研究が中心であり，脳の特定の領域やネットワークが障害を受けることで生じる芸術作品（美術でも音楽でも）の認知と情動との結びつきや乖離，失語症との関係から芸術と言語との神経学的関係についても理解が可能であろう．さらに第5章では，アプロソディアという発話の韻律の障害に関する音声学的・神経学的知見が紹介されている．第

1章や第2章で紹介されている視覚芸術の脳画像研究でもそうだが，多くの言語の音律研究ではコミュニケーション場面を前提とした研究が少なく，第5章でのアプロソディア研究は，非言語コミュニケーションの一部として言語の発話のあり方が，コミュニケーションにおいてどのように重要であるかを理解する契機となると期待したい．

　本書の企画の時点ではより多くの言語研究を含める予定であったが，最終的には多くの言語的側面に関する章を収録できず，本書に含めることができた章の多くは芸術に関連するものが中心となった．そのため編者として，本書のタイトルを『情動と言語・芸術』とするには幾分躊躇したが，そのままとした．言語も芸術も，心理学や脳神経科学に限らず，幅広い学問領域において古くて新しい問題である．昔からの疑問や問題点に最新の技術を用いて明らかにするおもしろさや，症例研究のように古くからの蓄積がある研究に見いだせる新しい疑問を感じる楽しさなどについて，言語と芸術を情動の表現の媒体として理解することで，本書の読者の方々には何かしらの手がかりが得られればと切に願っている．

　2018年3月

川畑秀明

● 編集者

川 畑 秀 明　慶應義塾大学文学部

森　　悦 朗　大阪大学大学院連合小児発達学研究科

● 執筆者 (執筆順)

石 津 智 大　ウィーン大学心理学部

池 田 尊 司　金沢大学子どものこころの発達研究センター

川 畑 秀 明　慶應義塾大学文学部

佐 藤 正 之　三重大学大学院医学系研究科

高 倉 祐 樹　北海道医療大学リハビリテーション科学部

大 槻 美 佳　北海道大学大学院保健科学研究院

●目　次

1. 美的判断の脳神経科学的基盤 ··[石津智大]···1

  1.1　はじめに：美の問いと美の脳科学 ·······································1

  1.2　美しさの体験に関連する脳活動 ···2

  1.3　操作脳科学 ···17

  1.4　非具象的美と脳活動 ···20

  1.5　まとめ：美の体験は何のために存在するか ·····················26

  おわりに ···28

2. 芸術における色彩と脳の働き ···[池田尊司]···31

  2.1　色が見えるとはどういうことか ···31

  2.2　減法混色と加法混色 ···33

  2.3　補色と色相環 ···35

  2.4　色の対比 ···37

  2.5　カラーセンター（色覚中枢）···40

  2.6　高次の色知覚 ···42

  2.7　色と情動 ···43

  2.8　色彩調和：神経美学へのアプローチ ·····························44

  2.9　色彩調和の fMRI 実験 ···48

  2.10　「調和」の再考 ··51

  おわりに ···52

3. 脳機能障害と芸術 ··[川畑秀明]···56

  3.1　脳機能障害と感性の変化 ···57

  3.2　脳機能障害と芸術表現 ···60

  3.3　脳機能障害による創作動機の変化 ·······························70

  3.4　緩徐進行性神経病変による芸術表現の変化 ·····················71

viii 目　　　次

3.5　脳機能障害によって現れた芸術家の感覚障害‥‥‥‥‥‥‥‥‥‥‥‥78

おわりに‥‥‥‥‥‥‥‥‥‥‥‥‥‥‥‥‥‥‥‥‥‥‥‥‥‥‥‥‥‥‥‥‥80

4.　音楽を聴く脳・生み出す脳：症例から探る音楽の認知と鑑賞のメカニズム
　　‥‥‥‥‥‥‥‥‥‥‥‥‥‥‥‥‥‥‥‥‥‥‥‥‥‥［佐藤正之］‥85

4.1　失音楽症の定義と分類‥‥‥‥‥‥‥‥‥‥‥‥‥‥‥‥‥‥‥‥‥‥‥85

4.2　純粋失音楽症‥‥‥‥‥‥‥‥‥‥‥‥‥‥‥‥‥‥‥‥‥‥‥‥‥‥‥87

4.3　音楽能力に関連する症状を呈した症例‥‥‥‥‥‥‥‥‥‥‥‥‥‥‥91

4.4　先天性失音楽とその問題点‥‥‥‥‥‥‥‥‥‥‥‥‥‥‥‥‥‥‥‥99

4.5　鑑賞能力の選択的障害：視覚性情動低下症と音楽無感症‥‥‥‥‥‥102

おわりに‥‥‥‥‥‥‥‥‥‥‥‥‥‥‥‥‥‥‥‥‥‥‥‥‥‥‥‥‥‥‥114

5.　アプロソディア（Aprosodia）‥‥‥‥‥‥‥‥‥‥［高倉祐樹・大槻美佳］‥118

5.1　「プロソディ」とは何か‥‥‥‥‥‥‥‥‥‥‥‥‥‥‥‥‥‥‥‥‥119

5.2　左半球損傷による「プロソディの障害」‥‥‥‥‥‥‥‥‥‥‥‥‥‥123

5.3　右半球損傷による「プロソディの障害」：アプロソディアをめぐって
　　‥‥‥‥‥‥‥‥‥‥‥‥‥‥‥‥‥‥‥‥‥‥‥‥‥‥‥‥‥‥‥‥‥128

5.4　その他の「プロソディの障害」を生じる病態‥‥‥‥‥‥‥‥‥‥‥‥133

5.5　「プロソディの障害」のコミュニケーションモデル上の位置づけ‥‥‥135

5.6　プロソディ処理の脳内機構に関する最近の知見‥‥‥‥‥‥‥‥‥‥‥136

5.7　「プロソディの障害」の本質とは何か‥‥‥‥‥‥‥‥‥‥‥‥‥‥‥138

おわりに‥‥‥‥‥‥‥‥‥‥‥‥‥‥‥‥‥‥‥‥‥‥‥‥‥‥‥‥‥‥‥139

あとがき‥‥‥‥‥‥‥‥‥‥‥‥‥‥‥‥‥‥‥‥‥‥‥‥［森　悦朗］‥143

索　引‥‥‥‥‥‥‥‥‥‥‥‥‥‥‥‥‥‥‥‥‥‥‥‥‥‥‥‥‥‥‥‥‥145

1

美的判断の脳神経科学的基盤

1.1　はじめに：美の問いと美の脳科学

　芸術から得られる豊かで多様な感情—喜び，感動，共感，哀しみ，畏れ，忌避．そのなかでも最も多くの人の体験するものが「美」であることは，おそらく間違いない．「美しさ」は，失快感症(anhedonia)や重度のうつ病など一部の特殊なケースを除けば，ほぼすべてのヒトが感じることのできる，人類に共通して備わった一種の感覚ともいえる．また，たとえば，利他的行為や道徳などにも美しさを感じられることから，芸術作品や身体的外見にとどまらず，さまざまな場面でヒトの下す情動的・感性的判断に影響を与える重要な因子の一つと考えることができる．

　これまで，おもに美学や哲学など人文学で取り組まれてきた審美や感性などの内的状態に関する問題を，脳活動を可視化できる脳機能画像法を利用して研究する試みが，いま盛んに行われている．「神経美学（neuroaesthetics）」または「審美脳科学」は，その呼称の誕生から10余年となる認知神経科学の新しい一分野である．この10年で急速に広がりをみせ，神経科学，心理学だけでなく，人文学や芸術学の研究者，そして広告やデザインといった産業界からの参入もみられ，メディアでその話題を頻繁にみかけるようになった．しかし，メディアの記事に踊る耳目をひくキャッチーな見出し，たとえば「美とは何か」，「脳科学は美を（芸術を）説明できるか」といった問いは，実際の神経美学が扱う研究を正しく言い表しているとはいえない．ここで簡単に以下のように定義しておきたい．神経美学が追求する問いは，非常に限局されたものである．すなわち，どのような脳の活動がわたしたちの美の体験とかかわっているのか，どのような脳の働きがわたしたちに美しさという感覚を生じさせているのか．美の体験とは感覚である．そしてその感覚があることで，はじめてわたしたちは「美とは何か」という問いに

ついて考えることができる．神経美学では，その感覚自体に対応する脳機能の解明をめざしている．

　本章では，美しさの体験という観点から，情動と芸術について脳機能研究からの視点に立つことで考察する．芸術イコール美という単純な図式は，芸術を扱う現代の美学や芸術哲学ではすでに成り立たないものとなっている．しかし，それでもなお，観賞者の多くが追求しひきつけられるものの中心に美があることは確かなことと思える．他の章で，美しさを感じる刺激の客観的な特徴（物理特性）については解説されているので，ここではわたしたちが感じる主観的な美醜の体験に対応する脳活動・脳機能についての研究を中心に紹介していく．

　1.2節では，芸術作品や音楽，顔，自然風景など，感覚知覚をとおして感じる美醜の体験が，どのような脳活動を生じさせるのかを紹介する．1.3節では，審美体験に関与する脳部位の活動を人為的に操作することで，個人の審美的体験にどのような影響を及ぼしうるのかを紹介する．1.4節では，概念的な美，すなわち数学美や道徳的正しさについて，脳機能画像法による研究を紹介する．最後に1.5節では，脳機能研究からの知見をふまえて，ヒトにとって美の体験がどのような役割をもつ感覚であるのか，可能性を考えてみる．

1.2　美しさの体験に関連する脳活動

　芸術や音楽から得られる「美しい」という感情は，そもそも科学で研究することができるのだろうか．美しさは，きわめて主観的な体験である．「主観性」は，それを体験している個人の心的内面にあるものであり，外部からの客観的な計測を受けつけない．一方，科学は，客観的な計測によって得られたデータを分析・蓄積することで発展してきた．つまり，科学は計測に立脚しているといえる．それゆえ，「測れない」物事については，科学的手法で研究することが難しい．しかし，過去20年間の陽電子断層撮像法や機能的核磁気共鳴撮像法（functional magnetic resonance imaging：fMRI）など，脳の活動を可視化する手法（脳機能イメージング）のめざましい発展により，ヒトの脳活動を外部から観察，計測することが可能になった．脳機能イメージングを利用して研究を行う認知神経科学（cognitive neuroscience）とよばれる分野は，脳の特定の部位や複数の脳部位が形成するネットワークが，知覚，情動，記憶，学習，運動など，ヒトのさまざまな活動に関連する機能に対応していることを明らかにしてきた．（極端な心身二

元論を除けば，）わたしたちが感じる主観的体験はすべて，脳の活動の産物であると考えられる．少なくとも個人の脳レベルでは，ヒトの活動にはすべて，必ず対応する神経活動があるといえる（ある知覚にともないある脳活動が生じることを，その知覚とその脳活動が「相関」すると表現する）．いかなる情動，思考，欲求も，愛情や憎悪でさえ，神経活動と結びついていないものはない．それゆえ，脳の仕組みを理解することで，ヒトの活動のいかなる領域にも科学の光を当てることが可能である．この考えにそえば，知覚から情動，言語，論理思考までを含むなかに，美や醜さといった感性的体験をも含むことができるはずである．そうであるならば，美の体験にも神経科学的な基盤があり，脳の働きを研究することで知覚や認知を調べることと同じように，美の体験についても研究の対象とすることが可能なのである．

さて，中世イタリアの神学者トマス・アクィナス（Thomas Aquinas）は，芸術を「われわれの眼や耳を悦びで満たすもの」と表現した．わたしたちは絵画であれオペラであれ，芸術作品を鑑賞するとき，眼や耳という感覚器を通して感覚知覚情報を得ている．その知覚情報を脳が分析することで，わたしたちは周囲の世界を把握しているのである．心理学では，視覚，聴覚，味覚，触圧覚，嗅覚などの感覚知覚の一つ一つを「感覚の種類（modality）」とよんでいる．そのなかでも視覚は，最も詳細に研究されてきた感覚様相であり，色，形態，動きなどの視覚特徴が，それぞれ特別な脳領域で処理されていることがわかっている．まずは，この日常で最もよく使われる視覚に立ち現れる美しさの体験について，関係する脳の働きをみることにしよう．

a. 美の主観的体験は神経科学で研究できるのか
視覚芸術の美と脳活動

視覚的な形式的諸要素を重視するフォーマリズム（formalism）批評が有名な20世紀初頭イギリスの美術史学者クライブ・ベル（Clive Bell）は "Art" で，美について以下の問いかけをしている（Bell, 1914）．「ペルシア陶器，プサンの絵画，荘厳なステンドグラス（中略）など，みな等しく美の感情を生じさせるが，同時にきわめて多様である芸術作品すべてに共通するただ一つの性質は何か．その性質を見つけることができれば，美学の大きな問題のひとつに答えをだせるはずだ」．ベルは，すべての視覚芸術の美に共通する「唯一の性質」を見出そうと議

論を展開した．作品そのもののなかに美の共通項を見つけだそうとする試みといえる．しかし，わたしたちが美しさを感じることのできる対象は非常に多様であり，それゆえこの試みは現在までに広いコンセンサスを得られる成功を収めているとはいいがたい．美しさの基準は人それぞれであり，さらに個人の美の基準も，時と状況によって変化するかもしれない複雑で動的なものである．しかしそれでも，わたしたちは「美」というものに共通の理解をもっている．美しさがよび起こす気持ちや価値を知っており，理解することができる．つまり，美を感じる対象は違っていても，美しさに対して喚起される感情は同じものであると考えられる．前述したとおり，あるひとつの心的状態にはそれに対応する神経活動があるはずである．そこで，ベルの美学的問題を以下のように問い直してみよう．「さまざまな種類の美しい作品を鑑賞しているときに，つねに共通して生じる脳の反応は何か」．はたしてそのような脳活動は見つかるだろうか．

　2004 年に行われた二つの fMRI 研究では，さまざまな絵画における美しさの評定を行っているとき，実験参加者の脳内でどのような活動が生じているかを調べている（Kawabata and Zeki, 2004；Vartanian and Goel, 2004）．これらの実験では，人物画，風景画，静物画，抽象画から幅広い種類の絵画作品が刺激として用いられた．fMRI スキャン実験に先立ち，各実験参加者は実験刺激をランダムに提示され，審美的評価を 1～9 段階のスケールで行った．これによって各参加者にとって，「美しい」，「醜い」，「どちらでもない」という 3 グループの絵画刺激を選び出した．この準備は，参加者ひとりひとりに，各グループの刺激をバランスよく提示する必要があるためである．fMRI 実験中は，その刺激が再び提示され，参加者はボタン押しにより，自分が感じた美醜の強度を回答した．

　この研究結果から，絵画から美しさを感じているときに，脳がどのように活動するのかがみえてきた．脳には視覚情報を専門に処理する視覚皮質がある．その視覚皮質内には，顔の情報処理に特化した紡錘状回顔領域，風景や建物の処理に特化した海馬傍回場所領域などの下位領域が存在する．これは脳の「機能局在」とよばれる特徴である．機能局在とは，ある認知・行為に関する機能（たとえば，聴覚）が，脳内の特定の領域（たとえば，一次聴覚野）の活動と相関することである．この実験でも，人物画や風景画を観察している場合は，各刺激に特化した視覚皮質の部位が活動を示した（図 1.1）．しかし，実験参加者が「美しい」と回答した場合だけ，視覚皮質の活動に加えて，前頭葉の下部，眉間の上あたりに

1.2 美しさの体験に関連する脳活動

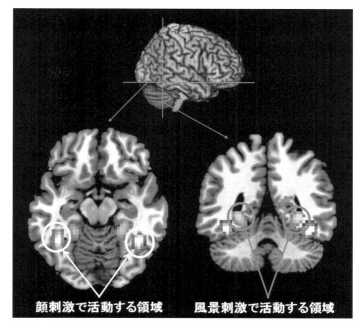

図 1.1 脳の機能局在［カラー口絵参照］
顔に反応する紡錘状回顔領域（水平断面），風景や建物に反応する海馬傍回場所領域（冠状断面）（Ishizu and Zeki, 2013 に基づき改変）．

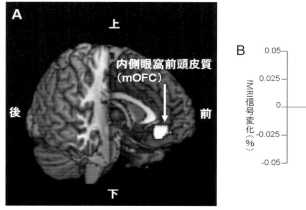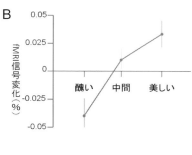

図 1.2 ［カラー口絵参照］
A：視覚的な美の体験によって強い活動をみせる脳部位，内側眼窩前頭皮質（mOFC）．
B：美の体験の強さによる mOFC の活動変化を表したグラフ（Ishizu and Zeki, 2013 に基づき改変）．

位置する脳部位「内側眼窩前頭皮質（medial orbitofrontal cortex：mOFC）」が活発に活動することが明らかになった（図1.2）．この部位は，見ている刺激が人物画であるか風景画であるかにかかわらず，つまり絵画刺激のタイプに関係なく，美しさを感じた絵画であればつねに共通して活動することがわかった．また参加者がつけた美醜評価の回答データからは，美しいと感じる絵画は参加者の間でばらつきが大きく，個人差が強くみられることが指摘された．それゆえ，このmOFCの活動はある特定の絵画を見ていることで生じた反応というわけではなく，参加者の特定の内的状態，つまり美を感じている状態と関係する脳活動と判断することができるのである．

　さて，この結果から，冒頭のベルがかかげた問題へひとつの答えを示すことができる．「すべての視覚芸術の美に共通する性質」は，たしかに存在する．だが，それは作品自体の特徴のなかにではなく，特定の脳部位の活動，つまりmOFCの活動という神経科学的な性質である．mOFCは，快感情や報酬に関係する神経伝達物質ドパミンで駆動する神経細胞が集中している．現在までの研究で，mOFCのほかにも腹側線条体という同じくドパミン（ドパミンと同様に快感情に関係するカンナビノイドも）に関係している脳部位が，美の体験にともない活動することが報告されている．mOFCと腹側線条体は，報酬系という脳内機構の一部である．これらの知見は，美の体験が報酬の感覚と強く結びついていることを示唆しているが，この点に関しては1.3節で詳述する．川畑らはさらに，mOFCの活動の強度は美しさの体験の強さと相関していることを報告している（Kawabata and Zeki, 2004）．つまり，美の体験が強いほど，mOFCの活動も強くなるということである（図1.2）．それゆえ，この脳部位の活動のパターンを調べることで，個人が感じている美の体験の強さを推測することも理論的には可能である．美というきわめて主観的な体験を定量化できる可能性がうかがえ，非常に興味深い．

芸術的感動

　芸術から得られる感情は，もちろん美しさだけではない．胸が震え，鳥肌のたつような深い感動を覚えることもある．エドウィン・ヴェッセルらは，実験参加者に自分の好みの作家の作品を持参させ，それらの作品刺激から受ける感動（moving）の強さを答えさせる実験を行った（Vessel et al., 2013）．芸術によって深く感動しているときの参加者の脳活動を調べようとしたのである．その結

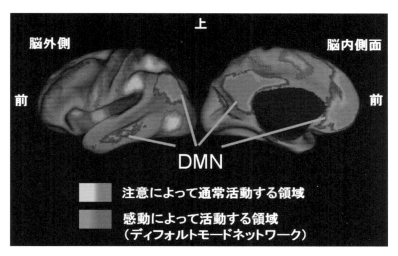

図 1.3 ディフォルトモードネットワークと注意のネットワーク［カラー口絵参照］
左図は脳の表面，右図は内側面を示している．矢印で示されたディフォルトモードネットワーク（DMN）は通常は刺激のない状態で活動する．一方，前頭葉外側部などの領域は，提示刺激など外界へ注意を向けている場合に活動する．Vessel らの実験では，深い芸術的感動によっても DMN が活動をみせることがわかった（Vessel et al., 2013 に基づき改変）．

果，最も強い感動を体験したときにだけ，前頭前野内側部を含む「ディフォルトモードネットワーク（default mode network：DMN）」という，複数の脳領域から構成される脳内ネットワークが活動することを発見した（図 1.3）．DMN は，リラックスしているときや物思いに耽っているときなど，課題を何も行っていないとき（定常状態，ディフォルトモード）に活動をみせるため，こうよばれている．内省や自己モニタリングなど「自己に関する」内的な思考に関係していることが知られている．だが，ひとたび外部の物事に意識を向けると活動が消えるという興味深い性質をもつ脳内機構の一つである．この実験でも，作品刺激の提示にともない DMN の活動はいったん消失したが，参加者が「最も強い感動」と答えた試行でのみ再び活動をみせた．芸術的な嗜好は，たんなる美醜の判断だけではなく，個人の趣味やアイデンティティーといった「自己」のイメージと密接に関連しているといえる．ヴェッセルらは，自分の好みの作品を鑑賞することが，参加者に自己内省を生じさせたのではないかと考えている（Vessel et al., 2013）．それによって，外部刺激を観察しているにもかかわらず，自己モニタリングに関与する DMN が再活動をした可能性を論じている．深い芸術的体験が自己認知と

つながっている可能性を示す結果であり，感動と美的体験とがどのように相互作用するのか，これから研究が進むとおもしろいテーマである．

芸術的創造性

前頭前野内側部（DMNの一部）が担う内省的思考という機能は芸術的創造性にも関係している，という仮説も提起されている．チャールズ・リムらは，ジャズの即興演奏をしているときと，譜面にそった演奏をしているときとを比較し，即興で音楽を生み出しているときの脳の働きを調べた（Limb and Braun, 2008）．その結果，前頭前野内側部を含む自己認知に関連する脳領域に活発な活動がみられた．さらに興味深いことに，前頭前野の内側部が活動すると同時に，前頭前野の背外側部の活動は逆に抑制されていることがわかった（図1.4）．前頭前野背外側部（背外側前頭前野皮質，dorsolateral prefrontal cortex）は，周囲への注意のコントロールや合理的思考など，高次の認知機能を担っている領域である．外部への注意（観客の反応）や批判的判断（正しいかどうか，失敗への恐れなど）に関する機能を弱めることで，内面から沸き起こる衝動性だけに意識を向け，創造性を阻害しないような働き方になっているのではないかと推測できる．芸術的感

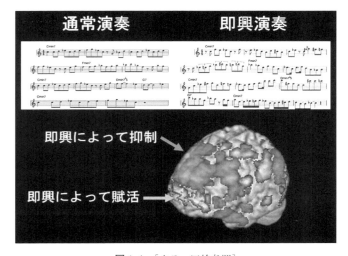

図1.4　［カラー口絵参照］
上：Limb and Braun（2008）の実験で用いられた演奏用の譜面の一例．下：即興演奏を行うことで賦活した脳部位，内側前頭前皮質と，活動抑制された脳部位，背外側前頭前皮質（Limb and Braun, 2008に基づき改変）．

動に関与する脳部位が，創造性の発揮にも働いている点は興味深い．すばらしい作品に出会ったことで，自らにも閃きが得られることがあるが，この脳内機構が一役買っているのかもしれない．この実験では，プロの演奏家が MRI スキャナー内で即興演奏を行っている．リムらの行った実験風景はインターネットでも視聴できるので，興味のある読者は文献のリンクを参照していただきたい（Limb, TED talk）．

b. 音楽から感じる美
音楽美

前項では視覚芸術の美の体験について，関係する脳活動を紹介した．本項では，視覚とともに芸術の主要な感覚様相である聴覚，音楽の美しさについて考えてみる．映画理論家のリッチョット・カニュード（Ricciotto Canudo）が『第七芸術宣言』（1911）で，絵画・視覚芸術を「空間の芸術」，音楽・舞台芸術を「時間の芸術」と区分けしたように，両者はきわめて異なる芸術のあり方である．両者の相違性は，同様に脳内の情報処理にもみられる．視覚情報はおもに脳の後部に位置する視覚皮質で，聴覚情報はおもに側頭部に位置する聴覚皮質で，別々に処理されている．それぞれの感覚様相によって，脳内には個別に特別な処理領域が存在するわけである（脳の「機能局在」）（図 1.5）．

それでは，音楽と絵画のそれぞれに感じる美は，脳活動という観点からははた

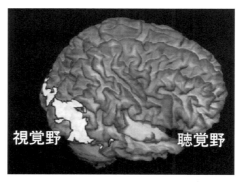

図 1.5 後頭部にある視覚情報の処理を行う視覚野と，両側の側頭部にある聴覚情報の処理を行う聴覚野［カラー口絵参照］

して異なる反応を生じさせるのだろうか．つまり，それぞれの感覚知覚情報と同様に，個々の美に対応する別個の脳領域があるのだろうか．美と崇高を美学的概念として体系づけたことで知られる18世紀イギリスの哲学者エドマンド・バーク（Edmund Burke）は，この問いについて以下のように述べている．「（中略）……美は，大抵の場合感覚の仲介によって，人間の精神に機械的に作用をおよぼす，ある事物の性質である．」（『崇高と美の観念の起源』中野好之訳，みすず書房）この記述からは，視覚や聴覚など感覚の美は，それぞれの感覚知覚をとおして同じように人間精神に働きかけるものであると，バークが考えていたことが読み取れる．ここで「精神」を「脳」とおきかえると，各感覚様相の美は感覚受容器をとおして同じように「脳」へ働きかける，といいかえることができる．筆者たちはこのバークの理論を出発点として，脳内に視覚的美と音楽的美の双方に同じように反応する共通部位があるという仮説を立て，両感覚様相の美によって生じる脳活動を調べた（Ishizu and Zeki, 2011）．日本，イギリス，アメリカ，インド，中国から文化背景の異なる21人が，この実験に参加した．参加者は，さまざまな東西文化の絵画（人物画，風景画，静物画）と，さまざまな音楽（東西の交響曲，現代音楽など）を見聞きして，美しさの評定（美醜を5段階で評価）を行った．そのときの脳活動をfMRIで記録することで，視覚と聴覚，異なる二つの感覚種の美しさの体験に共通して生じる脳活動を検討した．実験の結果，視覚

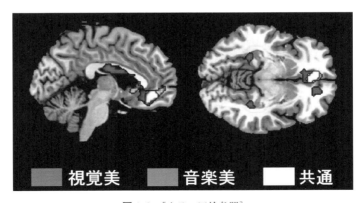

図 1.6 ［カラー口絵参照］
視覚的美（赤），音楽的美（緑），そして両方の美に共通して賦活する（黄色）内側眼窩前頭皮質（mOFC）の部位．左：矢状断面，右：水平断面（Ishizu and Zeki, 2011 に基づき改変）．

美と聴覚美の両条件で複数の脳部位が活動したが，そのなかで唯一，mOFC（正確には A1 とよぶ mOFC 内の一部分）が感覚の種類にかかわらず，美しさの体験に対してつねに反応することを発見した（図 1.6）．視覚野と聴覚野は，刺激が美しいか醜いかにかかわらず活動していたことから，それぞれの感覚皮質で処理された感覚知覚の情報が mOFC に送られ，その段階で美という感性的価値づけがされる可能性が考えられる．音楽と視覚芸術，体験としてきわめて異なる二つの美が，その異質さにかかわらず共通の脳部位を活動させることは興味深い．mOFC が感覚知覚情報を運ぶ媒体には依存せず，「美」という体験を抽出し抽象化して処理している可能性が示唆される結果である．バークは 200 年以上前に，この可能性に気づいていたのかもしれない．バークの言葉を借りていいかえるなら，「美は，感覚の仲介によって，mOFC の活動へ機械的に作用する，ある事物の性質である」ということである．

音楽美の多面性

音楽の情動体験は多次元的であるといわれる．明るく明朗な交響曲があれば，悲愴で，しかし美しいヴァイオリン曲も，また背筋がゾクゾクするような曲も

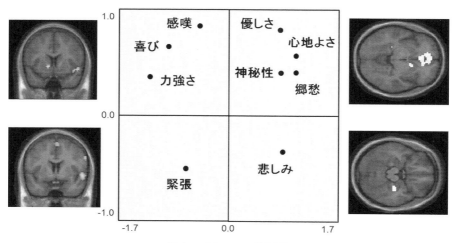

図 1.7 ［カラー口絵参照］
被験者から得られたジュネーブ情動音楽尺度の九つの感情次元データを因子分析した結果，四つのグループに分けられた．各グループの感情の体験によって活動した脳部位を，それぞれ隣りに示してある．たとえば，「郷愁」や「優しさ」は内側眼窩前頭皮質と右側坐核の活動と相関している（右上）（Trost et al., 2012 に基づき改変）．

ある．音楽的美は，mOFC のほかにも側坐核や島皮質など，報酬系に含まれる多くの脳領域を賦活させることが報告されている．トロストらは，音楽から得られるさまざまな情動をジュネーブ情動音楽尺度（Geneva Musical Emotion Scale：GEMS）という九つの情動尺度（各 0～10 段階スケール）により評価し，それぞれの次元の評価に相関する脳活動をマップした．それによると，たとえば mOFC と右側坐核の活動は「郷愁」や「優しさ」に，右腹側線条体と右島皮質は「喜び」や「感嘆」に相関が強いなど，各情動がそれぞれ幅広い脳活動と対応していることがわかった（図 1.7）．これは音楽から得られる情動の独特な豊かさを反映していると考えられる．また，郷愁（物悲しさ）に mOFC と側坐核という報酬系が反応する点は興味深い．胸の締めつけられるようなメランコリックな楽曲を楽しむことができることは，この報酬系の賦活と関係があるかもしれない．悲しみというネガティブな気分を生じさせる楽曲をなぜ楽しむことができるのかという問題については，近年いくつかの仮説が提案されている（Sachs et al., 2014）．まとめると，①直接的な危害のないことがわかっていること，②審美的に優れていること，③過去の個人的な経験が想起されることで気分が落ち着くなどの心理的効用があること，が必要なようである．悲しい楽曲を聴くことは，悲しい気分になるだけでなく心理的にポジティブな影響も得られるようである．そして脳活動データはその可能性を支持しているといえる．

c. 内側眼窩前頭皮質と審美判断ネットワーク

　これまでヒトを対象とした多くの機能的 MRI 研究で，美の体験と mOFC の活動との相関関係は確認されてきた．ところが，霊長類を対象とした研究では，mOFC を含む眼窩前頭皮質は（判断する対象の種類を問わず）判断行為全般に関与しているという報告がある（Watson and Platt, 2012）．それゆえ，これまで紹介してきた mOFC の活動も，単に美醜を判断するという行為を反映しているだけで，美的体験とは関係ないのではないかという反論があった．そこで筆者らは，質的に異なる 2 種類の判断をさせる課題（審美的判断と知覚的（明るさの）判断課題）を同一の刺激に対して行っているときの脳活動を調べた．それにより mOFC の活動が審美的判断により生じていることの証明を試みた（Ishizu and Zeki, 2013）．もし mOFC が審美的評価に選択的に関与しているなら，知覚的判断を下す課題では活動をみせず，審美的判断課題を行う場合にのみ反応するはず

1.2 美しさの体験に関連する脳活動　　13

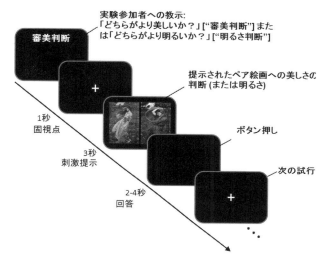

図 1.8　Ishizu and Zeki, 2013 で用いられた実験課題例（Ishizu and Zeki, 2013 に基づき改変）

である．この実験では，二つの絵画を一組とするペアの絵画刺激を用いた（図1.8）．fMRI 実験を行う前に各絵画の美しさを 5 段階で評価する行動実験を行い，その結果に基づいて，各ペアは同等の審美スコアをもつ絵画で作成された．判断課題の難しさが両判断課題の間で同程度になるようにする必要があったため，作成したペア刺激の明るさを調整して，両方の絵画が同じ程度の明るさをもつようにした．こうすることで，判断の難易度が両課題で同程度になるように調整した．これらのペア絵画群を使って，審美的判断条件では「左右どちらの絵画がより美しいか」，知覚的判断条件では「どちらがより明るいか」を判断する課題を行った．その結果，予想通りに mOFC は審美的判断でのみ活動を示し，明るさの判断では反応しなかった．mOFC の活動が単なる判断行為にではなく，美しさの判断に選択的に関与していることを支持する結果である（図 1.9）．

　さらにこの研究からは，下頭頂葉や外側前頭前皮質など，両方の判断課題でともに共通して活動する部位と，mOFC や大脳基底核など審美的判断でのみ活動する脳部位があることがわかった（図 1.9）．下頭頂葉や外側前頭前皮質は，物体のサイズなど一般的な知覚的判断に寄与する一方，大脳基底核は情動に関与することが知られている．この結果は，美しさの判断というものが，一般的な知覚的判断を行うための脳内モジュールに加えて，情動に関するモジュールも協働

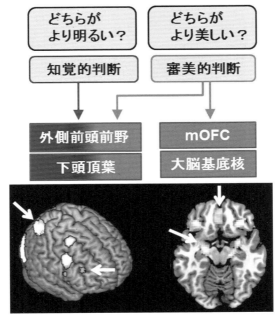

図 1.9 ［カラー口絵参照］
審美的判断でのみ働く脳領域と，審美的判断と知覚的判断の両方で働く脳領域を示した模式図（上），それぞれの脳活動マップ（下）(Ishizu and Zeki, 2013 に基づき改変).

して実現されていることを示唆している．ジェイコブセンらも，単純な幾何学紋様を刺激として美的判断と図の対称性の判断を行った実験で，審美的判断と知覚的（対称性）判断との間に脳活動の時間的パターンが異なることを報告している (Jacobsen and Hoefel, 2003)．審美的判断とその他の知覚的判断では，時間的にも空間的にも，異なる脳内の仕組みが用いられているようである．

d. 醜さについて

一般的にいうなら，美の対極として真っ先に思い浮かぶのは「醜」であろう．美を追求し続けてきた人類にとって，その反対に位置する醜は何の価値ももたない概念だろうか．いや，醜さはそれ自体非常に魅力のあるテーマであり，美と同様に芸術的創造性を刺激してきた．それは，たとえばイギリスの画家フランシス・ベーコン (Francis Bacon) の人物画を見ればわかるだろう（図 1.10）．歪ん

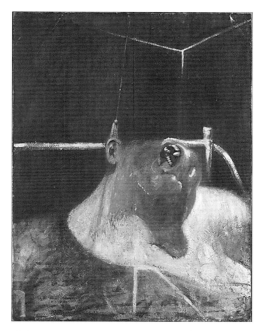

図 1.10 フランシス・ベーコンの人物画 "Head"
(1948)（Wikipedia Creative Commons）

だ顔，ねじれた身体，屍肉を連想させる色使い．ベーコンの作品を一言で表現するなら，まさに醜いという言葉が当てはまる．「あの恐ろしく不快な絵を描く男」とは，マーガレット・サッチャー元英国首相がベーコンを指していった言葉である．公人をして，ここまでいわしめる彼の作品には，それだけ観る者に強烈な印象を与える何かがあることを示唆している．2013 年にベーコンの三幅対がオークション史上最高値（89 万ポンド）で落札されたことは，わたしたちの芸術的な醜への執着を如実に表しているといえる．画家としての卓越した技量だけでなく，そこに描かれる醜さや死や老いが，人間の真実を映し出しているからなのだろう．醜は単なる美の対極ではなく，ヒトの認知にユニークな立ち位置を占めていると考えられる．

　美を善，醜を悪と定義した哲学者ムーア（G. E. Moore）は，美を秩序として考えることは，同時に，醜を無秩序と捉えることであると説いた（Brady, 2013）．また，芸術批評家ルドルフ・アーンハイム（Rudolph Arnheim）は，拮抗する秩

序立たない秩序の困難さであると定義した（Lorand, 2002）．秩序からの逸脱とは，まさにベーコンの描いた歪んだ顔とねじれた身体ではないかと思う．顔と身体は，ヒト認知において特別な刺激カテゴリーであり，生後まもない幼児でも一般事物に比べて顔を好んで注視する（「選好する」という）ことが知られている．これは，実物の顔だけではなく，顔っぽい物でも起こる．たとえば点が三つ並んでいるような単純な刺激でも，（∴）よりも（∵）に選好を示す．さらに，生後3〜4カ月ですでに，顔を見ることで脳波に特別な反応が現れることも報告されている．これらは，ヒトの認知システム内に「顔の雛形」とよぶべきものがあることを示唆している．おもしろいことに，ベーコンは顔と身体以外の家具や寝具など一般事物には，歪みの操作を加えていない．先天的な雛形をもつと考えられる顔・身体像だけを選択的に歪めることで，作品に強烈な印象を与えているのかもしれない．

醜の脳活動

では，醜いと感じられる絵画を観察しているとき，脳は美を感じている場合とは異なる特別な反応を示すのだろうか．fMRIを使った研究の結果からは，醜さの体験によって生じる脳活動パターンは美のそれとは異なることがわかっている（Di Dio et al., 2007；Ishizu and Zeki, 2011）．とくに強い活動を示すのは，扁桃体と運動野である（図1.11）．扁桃体は，脳の深部に位置する神経細胞の塊りである．情動，とくに恐怖や忌避などネガティブな情動と関与することが以前から知られている．醜さが恐怖や忌避と関連していることは直観的に理解できると思

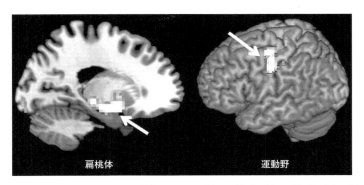

図1.11　醜の体験によって賦活される脳部位．扁桃体（矢状断面，左），運動野（右）（Ishizu and Zeki, 2011に基づき改変）［カラー口絵参照］

う．一方，興味深いのは運動野の活動で，運動野は，その名のとおり動作の指令や運動のプランニングに関連する部位である．しかし，この実験では参加者は実際の動作は行っていない．それではこの運動野の活動はなぜ生じたかというと，恐怖情動の研究がヒントになる．恐怖刺激に対しては，実際の運動なしに運動野が活動することがfMRI研究により知られている（Pereila et al., 2010）．これは，生体のもつ反射的な防御システムが働き，運動の準備を自動的に行うためではないかと解釈されている．醜い作品を観察することで生じる運動野の活動も，醜さから逃れたいという防御反応を反映している可能性が考えられている．醜に関する脳活動研究はまだまだ知見が少ないが，美と醜という芸術にともなう二つの主要な情動が，それぞれ異なる特徴的な脳内機構に関係しているということは間違いないことである．

「絵画を観る」，ただそれだけの行為の背後に，実はこのように多様な脳の活動が隠れている．それは裏を返せば，対応するさまざまな感情や認知を芸術がわたしたちに与えてくれているということでもある．それでは，もしその脳活動を人為的に操作することができたら，芸術作品から感じる情動も変化するのだろうか．次節では，脳の活動に影響を与えることのできる装置を利用した研究を紹介する．

1.3 操作脳科学

1.2節では，美しさの体験にともなって生じる脳活動を紹介した．その脳活動を変化させることができたら，わたしたちが感じる美しさの体験も同時に変化するだろうか．本節では，人為的に脳活動を変化させることのできる脳刺激法を用いた実験を紹介しよう．fMRIなどの脳機能画像法でわかることは，知覚や認知と脳活動との相関関係である．一方，微弱な電流や磁気刺激によって神経細胞の活動に変化を生じさせる脳刺激法を用いる操作脳科学（neuromodulation/neurostimulation）では，脳活動の変化によって精神活動や行動がどう変化するのかという，いわば因果的な関係性を研究することができる．審美に関する脳活動を脳刺激法で変化させれば，個人の感じる美的体験自体に影響を与えることができるだろうか．

a. 脳刺激法と審美体験

脳刺激法は，微弱な電流・磁気刺激や薬物などを用いて，脳の特定の神経活

動を変化させることにより，精神疾患の治療，運動機能リハビリテーションなどの目的に用いられてきた．近年，病態生理学の発展や脳構造とその機能の理解，刺激装置の改良によって，臨床以外の基礎科学分野でも，ヒトの行動・認知と脳活動との関係を研究するための有用なツールとして盛んに利用されている．認知神経科学の研究でよく用いられる手法は，経頭蓋磁気刺激法（transcranial magnetic stimulation：TMS）と経頭蓋直流電流刺激法（transcranial direct current stimulation：tDCS）である．TMS も tDCS も，頭蓋骨外から磁気や微弱な電流で刺激することで，直下の組織に電流を誘起したり，神経細胞の膜電位を変化させることで活動に影響（活動促進，妨害）を与えることができる．特定の脳部位の活動変化と行動・認知の変化との関係性を検討できる手法として注目されている．

b. 身体像の審美と TMS 実験

　カルヴォ-メリーノらは，ヒトの身体像を観察しているときに活動する脳部位，有線外身体領域（extrastriate body area：EBA）の活動を TMS により妨害することで，身体像の審美評価にどのような影響があるか実験を行った（Calvo-Merino et al., 2010）．EBA は，身体像の観察だけでなく，ボディイメージ，身体運動など，身体の認知にかかわるいろいろな処理を行っている脳部位である．実験では，身体像刺激と対照条件として身体像ではない視覚刺激（非身体刺激）とを提示し，それぞれに審美的評価を行った．TMS により EBA の活動を妨害された参加者の審美評価は影響を受けただろうか．実験の結果，EBA の活動を妨害された実験参加者は，身体像に対する美的感覚に顕著な減少をみせた．一方，この現象は非身体刺激の審美評価ではみられず，身体像の審美に限定していた．この結果からは，以下のことが示唆される．①EBA は身体像の審美的評価にも役割があり，②その活動を妨害することで身体像の審美的評価を変化させることが可能である．この実験は，脳活動への操作脳科学的介入が審美体験に影響を与えうることを示した最初の例として重要である．しかし，この研究では身体像の視覚情報を処理する EBA の活動を妨害していることから，審美にかかわる活動だけではなく，そもそも身体像自体の処理が損なわれている可能性が指摘できる．

　そこで次に，低次の視覚処理には直接かかわらない前頭葉領域をターゲットとして脳活動を変化させ，審美評価への影響を検討した研究を紹介する．

c. 絵画の審美と tDCS 実験

カッタネーオらは，12 人の実験協力者たちにさまざまな絵画刺激を見せ，その絵画の「美しさ」と，対照条件として「色の豊かさ」について評定させた (Cattaneo et al., 2014a)．その後，tDCS で脳部位を刺激した後，似た絵画刺激を提示し，再び美的評価と色の評定をさせた．tDCS の適用前後で，これらの評定に変化が現れるかを検討しようということである．tDCS は，微弱な電流を頭皮上に流すことで，その電流の通る皮質の神経細胞膜電位に変化を与える．陽極側の電極を用いると活動促進，陰極では活動抑制するように働くことが知られている．この実験では，「tDCS 刺激を受けている」という気分が行動に影響していないかを確認するため，電流刺激を行う試行と，装置はつけるが実際の刺激は行わない「偽試行」とを混ぜて行った．tDCS による電流刺激は微弱（通常 1〜2 ミリアンペア）であるため意識的には何も感じず，実験参加者はどの試行で実際に自分が電流刺激されているのかは知ることができない．そのため，偽試行と本当の試行との成績を比べることで，プラセボ効果などの影響を排除することができる．実験者たちは，左の背外側前頭前皮質（dorsolateral prefrontal cortex：DLPFC）とよばれる，眉のすぐ後ろあたりに位置する，前頭葉の感情処理などに関連する部位に陽極電極を設置し刺激を行った．この実験では，陰極の電極が反対の右側の上眼窩周辺に設置されていた．使われた電極が 35 cm^2 と比較的大きいサイズであることから，前述の内側眼窩前頭皮質も同時に電流刺激を受けていたと考えられる．

この実験の結果，電流刺激を行い DLPFC の活動を促進させた条件では，具象絵画に対する審美評価が，tDCS 刺激なし条件と偽試行とに比べて増加することが明らかにされた．一方，色の豊かさを判定する課題には tDCS の影響はみられなかった．つまり，この現象が審美的評価に選択的に生じたことがわかる．カルヴォーメリーノの実験では，視覚領域を活動妨害していたため，視覚情報処理自体の障害の可能性があったが，カッタネーオらの実験ではこの点が解決されている．また，用いられた絵画刺激は，人物画や静物画などを含んでおり，顔や物などの刺激のカテゴリーにも依存していない．さらにこの研究グループの別の研究では，TMS によって DLPFC の活動を妨害した場合には，逆に絵画の審美評価が低下することが報告されている (Cattaneo et al., 2014b)．脳活動を物理的に変化させること（DLPFC の活動の促進・妨害）で，個人の美的体験に影響することが可能であると示した研究結果として重要である．

近年，多くの操作脳科学研究が発表されている．数学的能力の向上や，複雑なパズルを解く課題の向上を報告した研究，さらには倫理的判断を変化させられる可能性も示唆されている（Kadosh et al., 2010；Chi and Snyder, 2012；Young et al., 2010）．認知的側面だけでなく，スポーツ選手や音楽家の運動学習での効果を実証した研究も報告されている（Reis et al., 2009；Furuya et al., 2014）．tDCSは空間的な精度が問題視されていたが，最近では骨や組織の伝導率の違いをシミュレーションすることで，標的部位に正確に刺激を到達させる技術も開発されている（Truong et al., 2014）．一方で，このような操作脳科学研究の進展が，ヒトの精神を操ることにつながるのではないかと倫理面を心配するかもしれない．しかし，脳刺激法による介入が及ぼす効果は非常に小さく，カッタネーオらの研究でも審美評価の上昇は最大でも3〜4%程度である（Cattaneo et al., 2014a）．また脳刺激法に関する倫理的な側面への検討も始まっている．サイエンスフィクションのような心配をする必要はいまのところないだろう．それでも，物理的な脳の活動を操作することで主観である美の体験を促進（または減少）させることができる可能性は非常に重要である．うつ病患者や失快感症など，快の感覚を失うような症状にこの技術を応用すれば，その感覚を取り戻すことができるかもしれないと実験者たちは期待している．基礎的な研究成果を応用につなげることは容易ではないが，その萌芽を感じさせる研究である．カッタネーオらの論文のタイトルは "The world can look better"．基礎的な脳機能研究の成果が，いつかわれわれの幸福に貢献できるようになればすばらしいことである．ここで紹介した研究からは，それがそう遠くないことを予感させてくれる．

本節では，脳刺激法と操作脳科学の研究を紹介し，脳の物理的な活動を変化させることで個人の主観的な美しさの体験に介入できる可能性を述べた．脳活動を変化させることで美の体験が変化することは，両者の間に相関だけではなく因果的な関係があることを示唆している．美という主観的体験と脳活動という客観的で物理的な現象との間にある結びつきを示せたと思う．

1.4　非具象的美と脳活動

1.3節までは，芸術から得られる美という主観的な内的体験と脳活動という客観的で計測可能な現象との相関関係，そして因果的な関係について研究を紹介した．本節では，芸術作品という枠組みを超えて，いろいろな美の体験について考

えてみる．単純で抽象的な刺激のうちにみる美，さらには感覚知覚の枠を超えた美についての脳機能研究を紹介していく（Reis et al., 2009；Furuya et al., 2014）．

a. 単純な視覚刺激の美

これまで紹介した研究は，おもに絵画作品や音楽作品を用いて実験していた．絵画も音楽も，非常に複雑な刺激である．たとえば肖像画を例にとると，画面には顔，身体，衣服，背景，調度品，色，テクスチャなど多様な種類の視覚情報が含まれる．それらの視覚情報を処理するための脳部位も，紡錘状回顔領域，EBA，外側後頭複合領域，四次視覚野，一次，二次視覚野など多岐にわたる．では，これらの視覚情報をひとつひとつの要素に，つまり，形，色，動きなどに切り分けた場合はどうだろう．たとえば，動きの要素だけを取り出したら，「動きの美しさ」という体験はどのように脳の活動として表現されているのだろう．ゼキらは，視覚要素のうち最も単純なものの一つ「点の動き」に注目して脳機能実験を行った（Zeki and Stutters, 2012）．この実験では，複数の白色ドットが動き回る

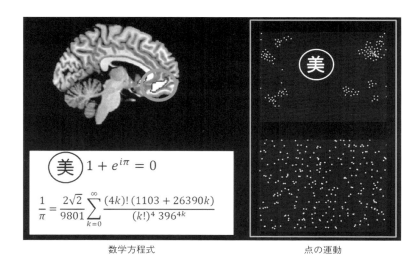

数学方程式　　　　　　　点の運動

図1.12 Zeki and Stutters (2012) と Zeki et al. (2014) で用いられた刺激例［カラー口絵参照］

右：美しいと評定された白色ドット運動の例（上）と醜いとされた刺激例（下）．左下：数学者によって美しいと評定された数学方程式の例，オイラーの等式（上）と，醜いとされた式，ラマヌジャンの無限級数（下）．左上：美の体験によって活動した内側眼窩前頭皮質（模式図）．

パターンを複数作成し，これをさまざまな文化的背景の実験参加者に提示して運動の美しさを評定させた（図1.12）．行動データからは，参加者たちの美しさの評定には文化差や性差がみられず，特定のドット運動パターンを美しいと評価する傾向が認められた．運動パターンという単純な刺激の審美的評価には，個人差や文化差が生じにくいのではないかと推測される．この行動実験をもとに，ドットの運動パターンの審美的評価を行っている際の脳活動をfMRIで計測した．その結果，運動情報の処理を担う第五次視覚野（V5）とよばれる視覚野内の部位が，美しいドットパターンの提示において活動を強めること，そして同時に，これまでにも紹介してきた内側眼窩前頭皮質（mOFC）が活動することがわかった（図1.12）．ドットの運動という単純な刺激は，V5で行われる情報処理の時点ですでにその他の（美しくない）運動刺激とは異なる活動を生じさせるようである．V5の活動の仕方は，高次の脳領域に比べて個人差が小さいことが知られている．文化的な差が行動評定にみられないという行動実験結果と，V5の活動に個人差が小さいという神経科学的知見をあわせて考えると，V5の活動に個人差が少ないためにその審美評定にもばらつきが少なくなる，という可能性が提案できる．またこの研究では，ドットの運動という単純な刺激の美しさも，絵画や音楽の美しさに関与する部位mOFCを活動させることが確認された．前述した，mOFCにみられる感覚種に依存しないという性質が，刺激の複雑さにも依存していないことが明らかになった．mOFCの活動が，美の体験自体に反応しているという理論を支持する結果であるといえる．

b. 数学的美

　この世界には多種多様な美の源がある．海へ沈みゆく夕陽，聖堂に響くミサの調べ，フェルメールの描く少女，これらは多くのヒトが容易にその美を感じとることができる．共通する点は，どれも視覚や聴覚，つまり感覚知覚をとおした美の体験であるということである．感覚知覚的な美と分類できるだろう．一方で，長年の訓練や知識を習得した末にたどりつくことのできる，高度に知的な美も存在する．数学である．数学方程式がもつ美しさは芸術観賞の美と同じ情動的な体験を与えるということが，数学者たちによってたびたび言及されてきた．この議論は数学のもつ抽象的な性質を「至高の美」であると述べたプラトンまで遡れる．それでは，彼らのいうとおりに数学美という高度に知的で概念的な美も，芸術作

品から得られる感覚知覚に基づく美と同じく特定の脳部位を反応させるのだろうか。ゼキと数学者アティーアらはこの問いに答えるべく，数学者を実験室に招き脳機能計測実験を行った。まず数学者に60の方程式の解法を吟味させ，自分が感じた美醜の強さを評定させた。数学者たちは，この行動実験を行うことで実験に使われる刺激である方程式の解法を適切に理解した。最も美しいと評価された方程式の例を挙げると，オイラーの等式，ピタゴラスの定理，そしてコーシー・リーマンの方程式であった。一方，ラマヌジャンの無限級数とリーマンの機能方程式は，最も「醜い」方程式であると評定された（これらの評定に全数学者が同意するわけではなく，あくまで実験に協力したロンドン大学の数学者の回答である）。そして行動実験の1～2週間後に，fMRIスキャナーのなかで再び同じ方程式の解法の美醜評定を行い，脳活動を記録した。その結果，美しいと評価された方程式によって中側頭回，角回など数の処理にかかわる領域とともに，mOFCも強い活動を示すことが明らかになった（図1.12）。mOFC内の活動部位は，芸術的美の体験によって反応する部位（A1）と一致していた。数学方程式は，ほとんどのヒトにとっては無味乾燥で，その美へは容易にはアクセスしにくいものである。これまでオイラーの等式やピタゴラスの定理が，バッハの交響曲やモネの睡蓮と同じ枠組みで語られることはなかったかもしれない。しかし数学者にとって，彼らの言葉を借りるならば，「方程式はシンプルさ，対称性，優美さ，そして真実を映しだす美の真髄」といえる。そしてその言葉を裏づけるように，美しい方程式を解いている数学者の脳のなかでは，芸術的美を体験しているときと同じ反応が生じていたのである。

c. 道徳の美

「Ce qui est important, ça ne se voit pas...（たいせつなことは目に見えないんだよ）」サン＝テグジュペリ『星の王子さま』の一節である。目に見えるわかりやすい幸せを追い求める物質主義社会への警句であり，内面の，感覚知覚されえないものの美しさを平易な言葉で気づかせてくれる。この「眼に見えない美」は，脳の活動としてとらえることができるだろうか。これが次の問いである。美しさの感覚は，視覚や聴覚など，感覚知覚の範疇に入らないものにも存在することは，前項の「b. 数学的美」で述べた。数学は高度な教育と知性的過程が必要な美であるが，たとえば「他人を助ける行為」は，誰もが「美しい行い」であると賞賛で

きる．道徳や友情，それらは心の内にある美しさである．これを「道徳美」とよぶことにしよう．道徳的に正しい行いから感じる道徳美は，はたして感覚知覚的な美が生じさせる脳活動と異なる活動パターンを示すのだろうか．月浦らは，顔の魅力度評定を行う課題と，その人物が道徳的に正しい行いをしているかを評定する課題を行い，それぞれの脳活動を比較することでこの問いに答えようとした（Tsukiura and Cabeza, 2011）．実験参加者は，提示される顔刺激への魅力度評定課題（審美判断課題）と，それに引き続いて，シナリオで表示されるその人物の行為（「お腹を空かせている子どもにパンを与えた」など）への道徳度評定課題（道徳判断課題）を行った（図 1.13）．その結果，両方の課題において mOFC の賦活が認められ，さらに評定の得点が上がるほど活動が強くなることが明らかになった．道徳的美も外見的美も，同様に mOFC を活動させることを示した結果である．視覚や聴覚など感覚知覚では感じられない，心根の美しさという眼に

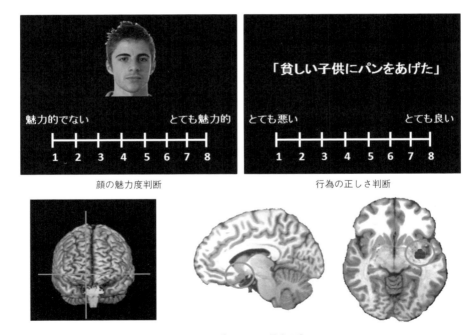

図 1.13 ［カラー口絵参照］
Tsukiura and Cabeza（2011）で用いられた顔の魅力度判断と行いの道徳性判断の実験刺激例と実験課題例（上）．両方の判断課題で賦活した内側眼窩前頭皮質（左下，矢状面）と，両方の判断課題で活動が低下した島皮質（右下，水平面）（Tsukiura and Cabeza, 2011 に基づき改変）．

見えない美．それに対する脳活動も，芸術作品の美しさの体験と同様の脳活動により表現されていることを示唆している．さらに興味深いことに，島皮質とよばれる不快感情や痛みなどに関与する脳部位は，両方の判断課題の得点が高いほど逆に低い活動をすることがわかった．つまり島皮質と mOFC の間には，シーソーのように mOFC の活動が上がると島皮質の活動は低下するという負の相関関係が認められる．この mOFC と島皮質の活動の振る舞いからは，審美的判断と道徳的両判断との間に強い関係性があることが伺える．「美は善である」という考えは，古代ギリシア哲学の「カロカガティア（kalokagathia）」という概念まで遡り，現代心理学でもその相関関係は実験的に示されてきた（たとえば Dion et al., 1972）．「美は善，醜は悪」というステレオタイプはヒトの認知に組み込まれたバイアスであるといえる．報酬や快に関与する mOFC と不快感情に反応する島皮質という相反する二つの脳内機構の綱引きは，魅力的な人物は倫理的であり，一方不器量な人物は行いも不道徳だと考えてしまう，われわれの認知の傾向に関与している可能性がある．

　感覚知覚的美と道徳的美が同じ脳内機構を活動させることは，非常に興味深い．実際にこの部位を損傷した患者は，道徳的判断が適切に行えなくなることが報告されている（Koenigs et al., 2007）．もちろん眼窩前頭皮質は他のさまざまな認知にも関与しており，この点は簡単には結論づけられない．しかし，道徳や善性のような目に見えない価値は確かに存在し，そしてその内的状態に対応する脳機能研究は，人間性をめぐる諸学問に新たな視点を提供できるはずである．

d． 快と美

　本項では，単純な運動刺激，数学方程式，そして道徳に感じる美についての脳機能研究を紹介した．いずれも同様に，報酬系や快の情動に関与する脳内機構を活動させることが見てとれる．ここでひとつの疑問が浮かぶ．美とは快なのだろうか．美しさの体験と快感情とは分離が非常に難しい．これまで紹介してきた mOFC を中心とした美しさの体験に関与する脳領域も，多くが報酬系に含まれており，快の情動に密接に関係する．しかし，眼窩前頭皮質は前頭葉の下部に広がる広い皮質であり，眼窩前頭皮質内で機能的役割分担があるという研究報告がある．セスキュースらは，金銭的報酬を得るときと性的報酬を得るときとで，眼窩前頭皮質の活動を調べた（Sescousse et al., 2010）．その結果，眼窩前頭皮質で

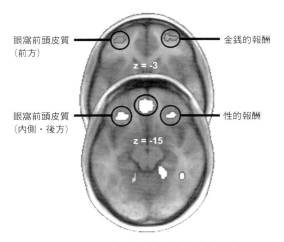

図 1.14 眼窩前頭皮質内の機能的役割分担
眼窩前頭皮質の前方部は金銭的報酬に，後方・内側部は性的報酬により反応する（Sescousse et al., 2010 に基づき改変）．

も内側部は性的報酬により強く反応するが，外側前方部は金銭的報酬へより強い反応を示すことがわかった（図1.14）．これは，眼窩前頭皮質内にも部位によって機能に違いがあり，報酬の種類によって異なる反応が得られることを示唆している．この方向の研究が進展すれば，快と美が反応する脳部位として異なるのかどうかが明らかになる可能性がある．しかし一方で，技術的な困難さも指摘しておかねばならない．認知神経科学で一般的に利用されているfMRIがもつ最小空間単位は，ボクセル（voxel）とよばれる立方体であり，1ボクセルを$55\,\text{mm}^3$とすれば，そのなかにはおよそ550万個もの神経細胞が入ることになる．そのため，神経細胞レベルで見た場合にそれぞれ異なる機能があったとしても，眼窩皮質内の同じ神経細胞が快と美との双方に反応するのか，それとも異なる細胞群がそれぞれ異なる体験に反応するのかという問題には，fMRIの結果だけから結論づけることは困難である．fMRIや脳波計だけでなく分子イメージングや比較認知心理学，オプトジェネティクスなど，他の研究分野の手法とデータが手助けになるだろう．現在までの脳機能研究では，美と快が分離可能なのか，または同一体験の別称なのかを答えることはできないが，将来どのような答えが導き出されるか非常に楽しみなテーマのひとつである．

1.5　まとめ：美の体験は何のために存在するか

芸術や審美に関する脳機能研究に対しては，さまざまな批判もある．芸術とは，鑑賞者と作家，文化背景，社会規範，意図などの相互作用を勘案して論じられるべきで，脳機能からはそのような社会的要因を検討できないというものや，（科

学的アプローチの性質上）要素還元論的な過度の単純化を行っており，芸術の多様性をカバーしていないなどの批判である．美の体験を与えうる対象はきわめて多様であり，脳の機能という一面から考察しても包括的な理解は望めないということである．それゆえ，美と主観性の学問を定性的なアプローチの状態にとどめおくことが，これまで暗黙的に科学でも人文学でも諒解されてきたといえる．だが，ここで紹介した脳機能を可視化する研究と操作脳科学研究の知見からわかるとおり，美の体験はやはり物質としての脳の活動と対応関係をもち，また脳活動への人為的な介入や脳損傷によっても変容しうるものである（第3章「脳機能障害と芸術」参照）．その面で，美の体験について物理的に測定可能な客観性を認めることによって，その理解と議論を深めることができるはずである．そのようなアプローチは，美学や美の哲学を扱う人文学の観点からは忌避されることも多いかもしれないが，経験主義的な研究からの定量的アプローチは，人類にとって，さらには生物にとって美とは何であるのかを考える上で，たとえ小さくともひとつの助けとなるはずである．

本章では，いろいろな場面でわたしたちが感じる美しさの体験に，特定の限局した脳部位とネットワークの活動が対応していることを紹介してきた．美を論じるとき，わたしたちは多くの場合，芸術の美を念頭においてしまうが，これまで紹介してきた研究からわかるとおり，美の感覚はヒトの行う判断行為全般に広く立ち現れるものである．芸術にも，自然にも，生き物にも，数学にも，道徳にも，そして信念にも．美は特別な美学的コンセプトであると同時に，非常に身近な感覚でもある．そしてヒトの行う多様な判断において，その判断材料となる重要な「決定因子」としての機能があると考えられる．その判断というのは，「正しさ」や「善性」についての判断ではないかと推察できる．「真・善・美」とは，ヒトが理想とし追求する価値である．道徳美の項で論じたように，ヒトには，肉体的な美を善と結びつける認知的バイアスがある．その点で，美の体験とは，物事に対する「正しさ」や「善性」を判断・決定するための，ある種の感情的な情報を媒介する働きをもつとも考えられる．この決定因子は倫理観，芸術観賞，配偶者選択など，さまざま対象に適用できるものである．種の保存や個体生存の圧力が比較的少ない現代で，わたしたちはこの「美」とよばれる決定因子をとくに芸術鑑賞において頻繁に使用している．だが，おそらく人類の祖先の生活では，配偶個体の選択や安全な居住場所などを判断する際に非常に重要な役割があったのだ

と想像できる.

もちろんこの考えは現段階では推測でしかなく，神経美学の分野でもコンセンサスはない．しかし，これに同意してくれそうな 2 人の偉大な物理学者と数学者がいる．彼らの言葉を紹介して，本章をおわろうと思う.

ひとりは，量子電磁気学の発展に大きく貢献したポール・ディラック（Paul Adrien Maurice Dirac）である．彼は次のようにいい残した．「相対性理論が，これほど物理学者に受け入れられているのは，その数学的な美しさからである．芸術における美が定義できないのと同じく，数学的な美しさを定義することは非常に難しい．しかし，数学を学ぶ者であればその価値を感じることは容易である．自然の基本法則を数学で表そうとするとき，単純さと美しさが同時に求められることはよくある．しかし，もし両者が相容れない場合は，わたしは後者を優先させるべきだと思う.」

自然の法則を明らかにするために美を要因として重視したもう一人の人物は，ヘルマン・ワイル（Hermann Klaus Hugo Weyl）である．ワイルは，相対性理論と電磁気学を結びつけるための理論を構築した人物である．彼にとってその理論は非常に美しく思えたと，彼自身書き記している．しかし，当時の数学者たちにとって，それは従来の数学が積み重ねた知識に，つまり数学的真実に真っ向から楯突くものだった．ワイルは，「つねに，真実を美と統一しようと試みてきた．しかし，どちらか一方を選ばざるをえないときには，いつも美を選んだ.」と書いている．彼の論文の発表後，量子力学の発展を待って，ヘルマン・ワイルの理論はようやく学界に受け入れられることになる．その美しさからではなく，その正しさから.

おわりに

脳機能実験による研究で美しさの体験が，脳に特別な反応を生じさせていることがわかってきた．脳機能画像法と心理物理学的手法を用いることで，実際にわれわれが美しさを体験しているときの脳活動を可視化することができる．しかし同時に，美の体験とは，単なる色や形，音の分析と，それに対応する脳活動だけではなく，文化，歴史，社会性など作品外の要素も，個人の審美や作品鑑賞に影響を与えている．美の主観的な体験を脳科学の手法を利用して研究することは，始まったばかりの未成熟な段階であるといえる．答えよりも，取り組むべき問題，

答えるべき問いの方が多い．それゆえ現在の脳神経科学的研究が，美をめぐるすべての問いに答えられるとはまったく思わない．しかし「科学は計測に立脚する」という考えに立てば，脳神経科学の技術を利用することで，わたしたちは今，美というきわめて主観的な体験を科学的に研究することができるようになったといえるだろう．

[石津智大]

文　　献

Abel R：French Film Theory and Criticism：A History/Anthology, 1907-1939, Volume 1： 1907-1929. Princeton University Press, p 480, 1988.

Aquinas T：Summa Theologiae. Translated by Fathers of the English Dominican Province. Westminster：Christian Classics, 1981.

Bacon F："Head" (1948). Wikipedia より (http://en.wikipedia.org/wiki/File：Head_(1948). jpg#mediaviewer/File：Head_(1948).jpg)

Bell C：Art. London：Chatto & Windus, 1914.

Brady E：The Sublime in Modern Philosophy：Aesthetics, Ethics, and Nature. Cambridge University Press, p 227, 2013.

Calvo-Merino B, Urgesi C, Orgs G, Aglioti SM, Haggard P：Extrastriate body area underlies aesthetic evaluation of body stimuli. *Experimental Brain Research* **204**(3), 447-456, 2010.

Cattaneo Z, Lega C, Flexas A, Nadal M, Munar E, Cela-Conde C：The world can look better： enhancing beauty experience with brain stimulation. *Social Cognitive and Affective Neuroscience* **9**(11), 1713-1721, 2014a.

Cattaneo Z, Lega C, Gardelli C, Merabet LB, Cela-Conde CJ, Nadal M：The role of prefrontal and parietal cortices in esthetic appreciation of representational and abstract art：a TMS study. *Neuroimage* Oct 1；**99**, 443-450, 2014b.

Chi RP, Snyder AW：Brain stimulation enables the solution of an inherently difficult problem. *Neuroscience Letters* **515**(2), 121-124, 2012.

Di Dio C, Macaluso E, Rizzolatti G：The golden beauty：brain response to classical and renaissance sculptures. *PLoS One* Nov 21；2(11), e1201, 2007.

Dion K, Berscheid E, Walster E：What is beautiful is good. *Journal of Personality and Social Psychology* **24**(3), 285-290, 1972.

Furuya S, Klaus M, Nitsche MA, Paulus W, Altenmüller E：Ceiling effects prevent further improvement of transcranial stimulation in skilled musicians. *Journal of Neuroscience* **34** (41), 13834-13839, 2014.

Ishizu T, Zeki S：Toward a brain-based theory of beauty. *PLoS One* **6**(7), e21852, 2011.

Ishizu T, Zeki S：The brain's specialized systems for aesthetic and perceptual judgment. *European Journal of Neuroscience* **37**(9), 1413-1420, 2013.

Jacobsen T, Hoefel L：Descriptive and evaluative judgment processes：Behavioral and electrophysiological indices of processing symmetry and aesthetics. *Cognitive, Affective, & Behavioral Neuroscience* **3**, 289-299, 2003.

Kadosh RC, Soskic S, Iuculano T, Kanai R, Walsh V：Modulating neuronal activity produces specific and long-lasting changes in numerical competence. *Current Biology* **20**(22), 2016-

2020, 2010.

Kawabata H, Zeki S：Neural correlates of beauty. *Journal of Neurophysiology* **91**(4), 1699–1705, 2004.

Koenigs M, Young L, Adolphs R, Tranel D, Cushman F, Hauser M, Damasio A：Damage to the prefrontal cortex increases utilitarian moral judgements. *Nature* **446**(7138), 908–911, 2007.

Limb CJ：Your brain on improvisation. TED talk より
(http://www.ted.com/talks/charles_limb_your_brain_on_improv?language=en)

Limb CJ, Braun AR：Neural substrates of spontaneous musical performance：an FMRI study of jazz improvisation. *PLoS One* **3**(2), e1679, 2008.

Lorand R：Aesthetic Order：A Philosophy of Order, Beauty and Art. Routledge, p 336, 2002.

Pereira MG, de Oliveira L, Erthal FS, Joffily M, Mocaiber IF, Volchan E, Pessoa L：Emotion affects action：Midcingulate cortex as a pivotal node of interaction between negative emotion and motor signals. *Cognitive, Affective, & Behavioral Neuroscience* **10**(1), 94–106, 2010.

Reis J, Schambra HM, Cohen LG, Buch ER, Fritsch B, Zarahn E, …, Krakauer JW：Noninvasive cortical stimulation enhances motor skill acquisition over multiple days through an effect on consolidation. *Proceedings of the National Academy of Sciences* **106**(5), 1590–1595, 2009.

Sachs M, Damasio A, Habibi A：The pleasure of sad music：a systematic review. *Front Hum Neurosci* **9**, 404, 2015.

Sescousse G, Redouté J, Dreher JC：The architecture of reward value coding in the human orbitofrontal cortex. *Journal of Neuroscience* **30**(39), 13095–13104, 2010.

Trost W, Ethofer T, Zentner M, Vuilleumier P：Mapping aesthetic musical emotions in the brain. *Cerebal Cortex* **22**(12), 2769–2783, 2012.

Truong DQ, Hüber M, Xie X, Datta A, Rahman A, Parra LC, …, Bikson M：Clinician accessible tools for GUI computational models of transcranial electrical stimulation：BONSAI and SPHERES. *Brain Stimulation：Basic, Translational, and Clinical Research in Neuromodulation* **7**(4), 521–524, 2014.

Tsukiura T, Cabeza R：Shared brain activity for aesthetic and moral judgments：implications for the Beauty-is-Good stereotype. *Social Cognitive and Affective Neuroscience* **6**(1), 138–148, 2011.

Vartanian O, Goel V：Neuroanatomical correlates of aesthetic preference for paintings. *Neuroreport* **15**(5), 893–897, 2004.

Vessel EA, Starr GG, Rubin N：Art reaches within：aesthetic experience, the self and the default mode network. *Frontiers in Human Neuroscience* **7**, 258, 2013.

Watson KK, Platt ML：Social signals in primate orbitofrontal cortex. *Current Biology* **22**(23), 2268–2273, 2012.

Young L, Camprodon JA, Hauser M, Pascual-Leone A, Saxe R：Disruption of the right temporoparietal junction with transcranial magnetic stimulation reduces the role of beliefs in moral judgments. *Proceedings of the National Academy of Sciences* **107**(15), 6753–6758, 2010.

Zeki S, Stutters J：A brain-derived metric for preferred kinetic stimuli. *Open Biology* **2**(2), 120001, 2012.

2

芸術における色彩と脳の働き

2.1 色が見えるとはどういうことか

太陽から届く光は多くの色を含んでいる．これはニュートン（Isaac Newton）が『光学論』のなかで，プリズムを用いた実験から導き出した結論である（Newton, 1704）．プリズムは光を屈折させる透明な三角柱で，暗室の壁に穿たれた小さな穴から太陽光を取り入れると，プリズムを通った先には虹のスペクトルと同様のあざやかなグラデーションが観察できる．さらに，一度プリズムを通した光をレンズで集約し，別のプリズムを通すともとの白色へと戻すことができる．ここから，太陽光にはさまざまな色の光線が含まれていることがわかり，プリズムを通る際の屈折率の違いによって各色に分解することができるとニュートンは考えた．現在では，光は電磁波の一種であり，人間は特定の波長の電磁波を色として知覚できることがわかっている（上限：760〜830 nm，下限：360〜400 nm）．波長の長いものから短いものへ並べると，見ることのできない赤外線から赤・橙・黄・緑・青・藍・菫を経て，再び見ることのできない領域にある紫外線となる．もちろんこれは色名をつけやすい箇所に注目した結果，七つの色として分類されているのだが，赤と橙のようなそれぞれの色をつなぐ領域にも連続的な変化が起こっていることは，日常的にも観察可能である．

光は色を見るために必要であるが，それだけでは十分ではない．ニュートンは空気の振動と音の関係を例にあげ，光そのものは人間に対して色の感覚をもたらす性質があるだけだと述べている．そして，劇作家や詩人としても著名なゲーテ（Johann Wolfgang von Goethe）は，1810 年に刊行した『色彩論』のなかで，私たちの視覚系と心理的な作用が色の見えにとって重要であることを述べている（Von Goethe, 1970）．たとえば，明るい場所から薄暗い場所へ行くと，最初は真っ暗に感じるが，慣れるに従ってしだいに見えを取り戻してくるという暗順応に相

当する現象を報告している．薄暗い場所に存在する物理的な光の量は変化していないにもかかわらず物の見えが回復するということは，私たちの視覚系に変化が起こったことを意味している．また，赤い対象をしばらく見た後に白い壁を見ると青緑色の陰性残像が浮かぶことを示したり，色のついたガラスで視界をおおうと，はじめはその色で視界が満たされているように見えるが，しだいにもとの色の見えを回復していくという色順応を示したりしている．このように，目に入る光の性質のみならず，色を見るためには私たちの視覚系が重要な役割を果たしていることがわかる．

まずは視覚系の入口となる網膜についてみてみよう．光は網膜に存在する視細胞を刺激し，電気信号に変換される．視細胞には明るいところで働く錐体細胞と，暗いところで働く桿体細胞があるが，色の見えに関与するのはおもに錐体細胞である．錐体細胞は3種類に分類され，それぞれが特定の波長によく反応する性質をもっている．感度のピーク波長が長い順に，L錐体（560 nm付近）・M錐体（530 nm付近）・S錐体（420 nm付近）とよばれる．

網膜に投射される光の性質に着目すると，特定の波長に鋭いピークをもつ光は純度の高いあざやかな色として知覚される．700 nmの単波長光はあざやかな赤色として知覚され，546 nmの光はあざやかな緑色として知覚される．裾野が広がり，ピークがゆるやかになるにつれて色の純度は下がり，淡い色となる．そして，どの波長もまんべんなく含む光はすべての種類の錐体細胞を刺激し，その結果白色として知覚される．そして，赤色と緑色の光を重ね合わせて投射すると，スペクトル上でほぼ中間の位置に存在する黄色が見える．このときの黄色は，単一のピークで表される黄色とほぼ同じ色に見える．

3種類のセンサーだけで多様な色を知覚することができる可能性を示したのは，医師でもあり科学者でもあったヤング（Thomas Young）である（Young, 1801, 1802）．この説は，ヘルムホルツ（Hermann von Helmholtz）によって再評価が行われ，橙，緑，青〜菫に対応する波長付近にピークをもつセンサーがあると，スペクトル上にある色を三つのセンサーの信号比ですべて表現できることが理論的に示された．19世紀の間は現象の説明のための仮説にすぎなかったが，網膜で波長特異性のある錐体細胞が発見されると，人間やサルの網膜において各波長に対する感度の研究が進み，ヤングとヘルムホルツの仮説が正しかったことが明らかになった（Marks, Macnichol and Dobelle, 1964）．これをヤング-ヘル

ムホルツの三色説とよぶ．そして，スペクトル上の色をまんべんなく表現するために適した色光の組み合わせは，赤・緑・青の３種類であることがわかった．

　そのため，もし虹を描くとしたら７色以上の絵の具が必要になるかというと，必ずしもそうではない．あざやかな原色を出せる色材を手に入れることができれば，私たちが見ることのできる色をほぼ再現できるようになる．可視光域をカバーするには最低限三つの原色が必要であり，絵の具やインクを素材とするのであればシアン・マゼンタ・イエロー（CMY）の３色を，光を素材とするのであれば赤・緑・青（RGB）の３色を用いることで，可能な限り広い範囲をカバーできるようになる．絵の具の足し算と光の足し算は，光を反射（および吸収）する物体を足すか，光そのものを足すかという性質の違いから考えることができる．

2.2　減法混色と加法混色

　古来より絵画表現のために用いられている色材はおもに顔料である．最も早く使用が開始されたと推測されているのがレッド・オーカー，つまり赤土であり，ラスコーやアルタミラ洞窟の壁画で動物を描く際に使われていたことが知られている．古代エジプトでは使用できる色材も増え，人類最古の人工顔料と目されているアレキサンドリア・ブルーもこの時代に用いられ始めている．

　時代を経るにつれ，しだいに顔料の種類も増えていくが，あざやかな色彩を得るための色材は入手困難で非常に高価であった．貴石であるラピスラズリからつくられるウルトラマリンは非常にあざやかな顔料であり，おもに聖母マリアの衣服を描くための青色としてルネサンス期に珍重された．ラファエロ（Raffaello Santi）の「大公の聖母」（1504 年）における青いガウンや，フェルメール（Johannes Vermeer）の「真珠の耳飾りの少女」（1665 年頃）における青いターバンを描く際に使用されていることで有名である．

　顔料は絵の具としてそのままの色で用いるか，もしくはほかの顔料と混ぜることで新しい色やグラデーションの表現を得ることができる．そのベースとなる色は可能な限り明るくあざやかであるほうが有利である．青い顔料は，短い波長の光を反射してほかの波長の光を吸収する性質があるため，反射前の光線に比べて物体から届く光のエネルギーは下がっている．２種類以上の絵の具を混ぜることは，光の反射率を下げていく（吸収率を上げていく）ことにほかならない．このような混色を減法混色とよぶ．色彩表現を豊かにするためには，もととなる

色はなるべくあざやかな絵の具を使うことが求められていたが，安価に入手できる顔料は，あざやかな発色が困難であったり時間の経過とともに色褪せてしまったりするものが大半であった．耐久性の高いあざやかな人工顔料が本格的に合成されるようになるのは18世紀初頭で，濃紺から淡く透き通った青まで表現できるプルシアンブルーの合成（1704年）を皮切りに，クロムイエロー（1797年）やエメラルドグリーン（1814年）などさまざまな色のものが登場した（城, 2010）．プルシアンブルーは「ベルリン青」ともよばれ，江戸時代の日本でも「ベロ藍」という名称で流通した．これが比較的安価に入手できるようになると，葛飾北斎の「神奈川沖浪裏」（1831年頃）に代表されるように浮世絵の色材として人気を博すようになった．

そしてチューブに絵の具を入れて手軽に携帯できるようになると，戸外で絵を描くというスタイルが流行するようになった．戸外の光を表現することを積極的に行ったのが，印象派の画家たちである．ここで絵の具を用いて減法混色という限界を打ち破ったスーラ（Georges Seurat）の「グランド・ジャッド島の日曜日の午後」（1886年；図2.1）について触れてみる．スーラの描く絵画は絵の具を「塗る」という一般的な描き方と大きく異なり，小さな点の集合体でカンバスを埋めつくす方法が採用されている．ここには当時の画材を用いて，あざやかな色

図2.1　スーラ「グランド・ジャッド島の日曜日の午後」（1886年）［カラー口絵参照］

彩を描き出すための秘密が隠されている．この非常に近接した2点から届く光が網膜の同じ視細胞を刺激すると，網膜のなかで光の混色が起こることになり，吸収率の足し合わせとなる絵の具の混色よりもあざやかで明るい色調を表現できる（並置加法混色）．これは，19世紀のフランスで活躍したシュヴルール（Michel-Eugène Chevreul）の影響を受けたもので，縦糸と横糸で複雑な色彩を表現するゴブラン織の品質管理のために膨大な調査と実験を行った結果をまとめた「色彩の同時対比の法則とその応用」の影響を色濃く受けている．シュヴルールは第一基本色（赤・黄・青）と第二基本色（緑・紫・橙）の関係性を説き，赤色の周囲に対となる緑色を配置することで，赤色がより引き立つことを示している．ここでは，足し合わせることで無彩色となる組み合わせが第一・第二基本色として著されている．そして，補色を並べることで強め合うという同時対比についてはまた後ほど取り上げる．

　また，小さい点の集合で新たな色をつくり出すというアイディアは，現在広く普及しているカラーディスプレイに受け継がれているといえるのかもしれない．ディスプレイ上には見分けることができないほどの小さな赤・緑・青の発光体が規則正しく並べられ，それらの明るさの比率を変えることで，ニュートンが二つのプリズムで示したような光の足し算，すなわち加法混色を実現できる．

2.3　補色と色相環

　ニュートンは太陽光を7色に分類し，これらの関係性を記述する際に音階との対応関係をみた．つまり，色も音階と同じように円環構造をもつと考えた．そして，それぞれの色がもつ幅の割合が，音階における全音と半音と等しくなるように区分した．ミとファ，シとドに相当する半音の箇所には，橙色と藍色が割り当てられている．このように色を音階における整数比のアナロジーとしてとらえる考え方は，古代ギリシャより受け継がれているものであり，ピタゴラスとその弟子たちが出発点であるといわれている．

　このように色を円環状に並べるというアイディアはダ・ヴィンチ（Leonardo da Vinci）やゲーテらも着想に至っており，白と黒のように対立するものを正と負の両極端とし，その間にさまざまな物や概念が表現できると考えていた．円環のある点の反対側には，それと相対するものが存在するように配置されている．ゲーテの『色彩論』では黄色を正，青色を負とする対立構造が示されており，色

相環も黄色が頂点になるように描かれている．これは，原色のなかで最も明るく見える色が黄色であることと，暖色の一員であるように正の性質を帯びていることが影響していると考えられている（大山，1994）．

このように，色どうしの対立構造から色知覚の説明を試みたのがヘリング（Ewald Hering）である．ゲーテが観察した陰性残像のように，ある色と対をなす色の組み合わせを検討し，赤－緑，黄－青の四つの原色，そして白－黒を含めた三つの軸によって色の知覚を説明できることを示した．これはヘリングの反対色説とよばれている．

色覚を説明する三色説と反対色説という二つの説は，実は網膜内ではどちらも正しいことがわかっている．三色説の成立に必要な錐体細胞は直接光を受け取る箇所として存在している．そして錐体細胞と桿体細胞から出力された信号は，水平細胞，双極細胞，アマクリン細胞，神経節細胞を経て視神経へと送られるまでに反対色応答をつくり出す．これは色覚の段階説とよばれ，後に均等色空間の問題に取り組んだアダムズ（Elliot Quincy Adams）によってまとめられた（Adams, 1923）．2種類の色情報と明暗情報へと処理された信号は，視神経を通って視床の外側膝状体（lateral geniculate nucleus：LGN）へ向かう．

繰り返しとなるが，反対色応答の成立は，赤-緑，黄-青，白-黒の三つの軸が形成されることを意味する．赤-緑・黄-青平面上では，一直線上にあった波長のスペクトルが，赤と紫が接合されて円環状に配置されることとなる（その際にスペクトル中に存在しなかった赤紫やピンクが登場する）．この平面と直交する軸が白-黒，つまり明るさとなることから，人間が認識できる色は球体に近い立体のなかのある1点として表現することが可能となる．

画家であり美術教師であったマンセル（Albert Henry Munsell）は，色を指定する際のあいまいさを排除し，合理的に色を指示する方法を考案した（Munsell, 1907）．自然界に存在する色は色相（ヒュー：hue）・明度（バリュー：value）・彩度（クロマ：chroma）の三つの軸からなる立体構造をもっており，色相と彩度は平面上に表され，原点を無彩色として，角度が色相，中心からの距離が彩度となる（基本色相はR・Y・G・B・Pの5色で，それらの中間色は隣り合う記号をつなげて表現される）．色相-彩度平面と垂直に交わる軸が明度であり，値が大きくなれば白に，小さくなれば黒に近づく．色立体のなかにある色は「H V/C」の形式で表され，「5R 5/14」であればあざやかな赤色を，「10B 8/2」であればくす

んだ淡い青色を表すことができる．この色立体では可能な限り色の知覚的な等間隔性を保つようにつくられているため，隣あう色票はそれぞれ同じ程度の色の差として感じられるように調整されている．つまり，色を定量的に扱うことが可能になった．

マンセル表色系は物体の色についての表色系であるが，光の性質からのアプローチも行われている．これが国際照明委員会（Commission Internationale de l'Eclairge：CIE）が 1931 年に発表した CIEXYZ 表色系であり，とある光の性質を $X \cdot Y \cdot Z$ の 3 次元空間内の値（三刺激値）として表示しようという試みである．そして，成分どうしの和で加法混色を計算できる点が特徴である．そして Y に代表される輝度の情報を落として，2 次元平面上で色相と彩度の表示ができるように再計算したものが xy 色度図とよばれるものである．ただし，座標上の距離と知覚的な距離の対応はあまりよくない．y 軸を例にとると，青色を示す領域での 0.1 の変化と，緑色を示す領域での 0.1 の変化は同じではなく，青色領域のほうが色の変化に対する感度が高いことが実験的に示されている（MacAdam, 1942）．このため，知覚的な色差を扱うのは不得手であることに留意する必要がある．

1943 年には，CIE の勧告によってマンセル表色系の修正が行われて知覚的等間隔性が改善され，XYZ 表色系との対応づけも行われた．これは修正マンセルとよばれ，現在も色の表示に広く利用されている．1976 年には CIELAB 均等色空間が制定され，知覚的な色差がどの領域でもほぼ一定となること，XYZ 表色系の三刺激値から算出できることが特徴である．CIELAB 均等色空間においても明度・彩度・色相（色相角），および 2 色間の色差を計算することも可能である．まだ不完全な点は残るものの，色を測るものさしとしての役割を果たしている．

2.4 色の対比

LGN から送出された信号は，大脳の最も後ろに位置する後頭葉の鳥距溝に到達する．この溝が大脳の視覚野の始まりであり，一次視覚野（V1）とよばれている．視覚野の特徴としては，左右の網膜からの信号は，（目の左右ではなく）視野の左右によって投射される半球が異なることがあげられる．左右の網膜の左視野に対応する信号は右半球に，右視野に対応する信号は左半球に届く．また，V1 から始まる視覚野は，階層構造およびレチノトピー（retinotopy）という性

質をもっている．視覚野には空間的な対応関係があり，網膜上で隣り合う位置に呈示された刺激は，視覚野でも近い位置に表現される．視覚野にはこのようなマップがいくつかある．V1よりも高次に移るにつれて空間位置の対応関係は徐々に複雑になり，より専門性の高いモジュールが構成されるようになる．V1は画像の各ピクセルのような情報表現となっているとされており，四次視覚野（V4）には色彩情報に特化したニューロンが揃っている．V1からさらに前方へ信号を伝える経路には，おおまかに二つあることが知られている．腹側経路（ventral pathway）と背側経路（dorsal pathway）である．腹側経路はV1から下側頭葉に向かい，背側経路は頭頂葉へ向かう（図2.2）．視覚における働きとしては，腹側経路は視野のなかに「何」があるのかを処理し，背側経路は「どこ」にあるのかを処理する(Goodale and Milner, 1992)．色の情報はおもに腹側経路を伝わっていくことになる．

さて，色の情報が大脳に入力されると，まずは周囲にある色との相互作用が起こるようになる．これが，シュヴルールが取り組んだ同時対比という現象である．同時対比とは，二つの異なる色を並べたときに，互いに変化して見えることを指している．シュヴルールはゴブラン織の工場で監督官を務めることとなったのだが，指定したとおりの色合いになっていないというクレームが相ついでいたことに頭を悩ませていた．これは，同じ染料を用いているにもかかわらず，隣り合う糸の色によって見え方が変化してしまうことが原因であった．使っている色

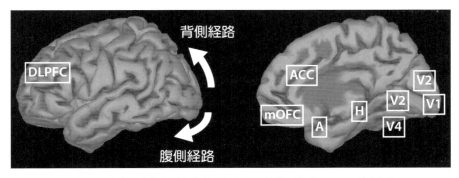

図 2.2 本章で取り上げた色彩にかかわる領域一覧［カラー口絵参照］
左は脳の外側面を，右は内側面を表している．
V1：一次視覚野，V2：二次視覚野，V4：四次視覚野，ACC：前部帯状皮質，mOFC：内側眼窩前頭皮質，H：海馬体，A：扁桃体，DLPFC：前頭前野背外側部．

2.4 色の対比

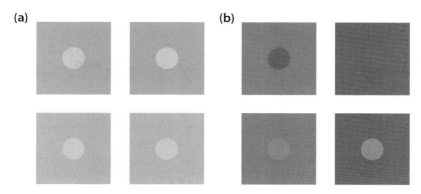

図 2.3 同時対比の例［カラー口絵参照］
(a) 中心の黄色い円はすべて同じ色である．(b) 中心の赤い円，緑色の円は同じ色である．

が同じでも，周囲の色によって色の見え方が変化してしまう．図2.3(a) は色相の同時対比を示しており，上段の2枚の中心に描かれた円はどちらも同じ黄色が使われているが，周囲に緑色を配置すると赤みがかかり，赤色を配置すると緑みを帯びることがわかる（下段の2枚は色相を揃えた図形である）．また，図2.3(b) の上段は，補色である緑色を配置することで中心の赤色が強調されて見えることがわかる．下段は中心の色を緑色におきかえてみた図である．もちろん，中心の円は上段では同じ赤色，下段では同じ緑色である．

ここで，右半球の一次視覚野の（解剖学的に同定される）線条皮質（striate cortex）を手術によって摘出したDB氏の症例を紹介しよう（Kentridge, Heywood and Weiskrantz, 2007）．DB氏は1973年に右半球の線条皮質を除去する手術を行い，右半球と対応のある左視野に欠損を生じた．しかし，欠損している視野においても，二つの色が同じか異なるかを強制的に選択させると正解できるという盲視（blindsight）のような状態にあった．DB氏に明るさおよび色相の同時対比刺激を見せたときに，対比効果が起こるかどうかを実験したところ，健側である右視野では明るさ・色相の両方の同時対比が起こっていた．一方で，損傷のある左視野では，明るさの同時対比は起こっていたが，色相の同時対比は起こらず，周囲の色の影響を受けずに同じ色であるという判断ができた．ただし，V1とほぼ同義に扱われる線条皮質だが，術野が明らかでないことと，手術から実験までの時間が経過していることから，厳密な脳領域と機能の対応づけは難しいが，V1とその周辺では色の同時対比にかかわる処理が行われていることが推測される．

2.5 カラーセンター（色覚中枢）

　四次視覚野（V4）はV2よりさらに腹側の前方へ進んだ舌状回（lingual gyrus）・紡錘状回（fusiform gyrus）に位置する．V4は色覚にかかわるニューロンが多数集まっていることから，カラーセンター（color center：色覚中枢）ともよばれる領域である．この領域が色の知覚にとって重要であることを示し，色知覚の神経基盤の解明に大きな進歩をもたらしたゼキ（Semir Zeki）が実験刺激として用いていたのが，「モンドリアン図形」とよばれる画像である．

　実験に使用された図形は，20世紀前半に活躍した画家，モンドリアン（Piet Mondrian）が描く抽象画に着想を得たものである．モンドリアンの編み出した「コンポジション」は水平・垂直以外の要素を排除し，色彩に関しては少し濁った色を用いた時期を経て，あざやかな赤・黄・青の三原色のみを用いる域に到達した．図2.4は1921年に発表された「赤，黄，青と黒のコンポジション」である．これらの要素のほかに入り込む余地があるものは，時おりフレーム（開口部）として用いられる菱形，および線分の黒とキャンバスの白だけである．

　このような抽象画は，色にだけ特異的に反応する脳領域を探すのに適している．

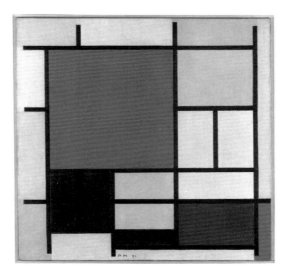

図2.4　モンドリアン「赤，黄，青と黒のコンポジション」
（1921年）［カラー口絵参照］

色の情報だけを取り去って明るさの情報だけを残した絵と，彩色した絵を観察している時の脳活動を比較すると，色以外の情報を差分することができる．しかし，色がつくことによる相互作用が起こると，色知覚にのみ反応しているのか，色によって絵のなかにある具体的な対象物の意味が変わったことによって反応しているのかが見分けづらくなる．それゆえ特定の意味を取りづらい抽象画が選ばれている．

これらの研究ではさまざまな色で塗り分けられた矩形を配置したモンドリアン図形と，その明度情報だけを抜き出してグレースケールに変換したものを実験参加者に提示し，活動の差分をとる方法が用いられた．この方法で，後頭葉の腹側部から下側頭葉にかけての賦活部位，すなわち V4 を明らかにすることに成功してきた（McKeefry and Zeki, 1997）．

この V4 を含む領域が損傷を受けると大脳性色覚障害（achromatopsia）という症状を発症する．視覚の機能は保たれたままで色の情報だけが抜け落ちてしまい，視野全体に影響が及ぶと，あたかも視界が色あせたグレースケールのように感じるといわれている（Meadows, 1974）．半視野だけが影響を受けた症例では，見た色の異同判断課題ができなくなるが，影響のない視野では問題なく課題を遂行できる．そして，物体の形から，その物体に固有の色を答えることはできる．ここでは色と明るさ，そして色と形が個別に処理されていることと，色に関する知識自体は保存されていることがわかる（Albert, Reches and Silverberg, 1975）．

色彩刺激がない状況でも色が見える場合，つまり脳のなかだけでつくり出された色についても V4 は重要な役割を果たしている．マゼンタと黒の縦縞と，緑色と黒色の横縞の図形を繰り返して 10 分ほど凝視していると，その後では本来色がついていない白黒の縦縞模様には補色となる緑色が，横縞模様にはマゼンタが見える．これはマッカロー効果（McCollough effect）とよばれる現象で（McCollough, 1965），単なる陰性残像よりも強力で，方向随伴性色残効ともよばれる現象である．マッカロー効果が起こっているときには，V4 とその少し前方に位置する V4α（Bartels and Zeki, 2000）に活動が広がっていることがわかり，マッカロー効果が起こらずに色があまり見えなかった実験参加者では，V4α の活動が上昇しないことがわかった（Morita et al., 2004）．また，てんかん発作の外科的治療のために埋め込まれた硬膜下電極を用いて，V4α に相当する領域に直接電気刺激を行うと，青紫色の光点が観測されたという報告がある（Murphey,

Yoshor and Beauchamp, 2008). これらの研究より, 意識にのぼる色の見えは, V4・V4αの段階でほぼ完成しているということができるだろう.

ここまでは色を見るための脳のはたらきを中心に追ってきたが, それでは「色が見える」ことと「美しい」と感じることはどのように結びついていくのであろうか. 次節以降では, さらに高次の脳機能や情動関連領域とのかかわりをみていく.

2.6 高次の色知覚

1905年のパリで行われたサロン・ドートンヌに, 物議を醸した一群の作品が出展された. これまで以上に激しいタッチで描かれ, あざやかな原色を多用した作風から, 野獣派とよばれるようになる作品群である. マティス (Henri Matisse) は夫人像を描く際に色相の同時対比を大胆に取り入れている. 顔の中心の額から鼻筋にかけては緑色の線が入り, 左は緑みを, 右は赤みを帯びている. そして背景も同じように分割されており, 対となるように左は赤色, 右は緑色に彩色されている. キャンバス全体での色のバランスは保たれているが, 描かれている対象に対して写実性の高い色づかいであるとはいえない. このように不自然な彩色が施された絵画に対して, 私たちはどのような反応を返すのであろうか.

ゼキらは自然な彩色を施した画像と, 不自然な彩色を施した画像を比較することで, この問題に取り組んだ (Zeki and Marini, 1998). 両者はどちらも彩色されているため, 色の情報は均等に含まれていると考えられる. このような前提をおいたうえで活動を比較すると, ここまで追ってきたような色の知覚に関連する後頭葉および側頭葉の底面に近い領域での差はみられず, 前頭前野背外側部 (dorsolateral prefrontal cortex：DLPFC) や前部帯状皮質 (anterior cingulate cortex：ACC) が不自然な彩色を施した画像をみたときに強く活動する.

そもそも「自然な彩色」とは何であろうか. 私たちがふだん何気なく見えていると思っている色は, 実際に目に届く光の波長を反映しているとはいいがたい点も残る. 自然にある色やその特徴が強調されて記憶されていることを記憶色 (memory color) とよび, 記憶から想起された色をカラーパレットから選び出すときには, 彩度が高めに報告され, 色相もずれていることが多い (Bartleson, 1960). 赤レンガは本来淡い茶色であるが, 赤色からオレンジ色の原色に近い, よりあざやかな色として報告されやすい. 草原は本来は黄色寄りの緑であるが,

もっと青色寄りの色が選ばれやすい.

また,記憶が実際の色の見えを修飾しているのかどうかを調べた実験もある. たとえば,バナナの形に切り抜かれた灰色の領域を見た場合には,補色となる青紫色をわずかに含んだ色が「ニュートラルな灰色」であるように見える. このように,どのくらい本来のニュートラルな灰色から遠ざかっているかを調べたところ,実際に記憶色に基づいて色の見えが変調されていることが示された (Hansen, Olkkonen, Walter and Gegenfurtner, 2006).

これは単なる対比や恒常性(constancy)では説明のつかない現象である. 先ほど述べたゼキらの実験では,自然な彩色を施した画像と,そのグレースケール画像を比較した際に,V4 に加えて記憶に重要な役割を果たしている海馬(hippocampus)の活動が観察されたことが報告されている. まだ決定打はないものの,私たちの「自然である」という判断は過去の経験に基づいて変調を受けており,実際の色の見えにも干渉しうることが示されているといえよう.

2.7 色と情動

色名は「燃えるような赤」,「静寂の青」のように情動を表す語とともに用いられることがある. 視覚から入力される色の情報が,情動とそれによって引き起こされる行動に対してどのように関与しているのであろうか. 近年では,2004 年のアテネオリンピックで行われたボクシング,テコンドー,レスリング(グレコローマン,フリースタイル)の各競技において,赤色のユニフォームを着用した選手の勝率が 5% ほど高くなっていたという研究 (Hill and Barton, 2005) が発表され,話題をよんだ. 実力差が大きいときにはユニフォームの効果はなく,勝率が 50% 程度と差がないものの,実力が拮抗していると考えられる試合においては勝率が 60% ほどになっていたことが統計的に確かめられた. しかし,競技によって有意差のないものや,ホームグラウンドなど,ほかの要因による影響のほうが大きいことも報告されている (Allen and Jones, 2014;García-Rubio, Picazo-Tadeo and González-Gómez, 2011). そのため,一概に赤色の効果があるとはいえず,そのメカニズムにはまだ多くの謎が残されている.

赤色を身にまとうことで覚醒状態が上がり,パフォーマンスが改善するという解釈もできそうである. しかし,赤色が覚醒を,青色が沈静をもたらすといったようなよく耳にする言説に対しては肯定する結果も否定する結果もあり,効果が

一定でないことが見てとれる．色と情動に関する生理反応や，その神経基盤を調べる試みは現在のところあまり成功しているとはいえないようである．エリオット（Andrew Elliot）とマイヤー（Markus Maier）は赤色の効果を例にあげ，ときには脅威に晒されていることを意味して回避行動につながるが，文脈が異なると食欲をそそる対象をとらえたことを意味して接近行動をもたらすという矛盾がひそんでいることを説明している（Elliot and Maier, 2014）．ここで重要なのは，同じ入力を受けても，前後の文脈によって喚起される情動やその後の行動が変化するため，光の波長といった物理的に決まるような色が直接情動に作用しているとは考えにくい，という点である．文脈の存在を抜きに情動全般の作用を考えることは難しい．

　また，色と情動という文脈では「赤か青か」のように色相の変化を中心に語られることが多いが，複数の研究の間で同じ赤色を指しているかどうかに加えて，明度・彩度の影響も考慮に入れる必要がある．マンセル色票を例にとると，最もあざやかな黄色は「5Y 8/14」であるが，青緑色の領域で最もあざやかな色は「10BG 5/10」である．各カテゴリーから代表的な色を選ぼうとするときには，色相以外の値も変化する可能性がある．さらに，どのカテゴリーからも等明度・等彩度の色を選んで色相環をつくろうとすると，存在する色表のなかで彩度の最大値が最も低い色相に合わせざるをえないため，色域が狭まって典型的な色が選ばれなくなるおそれがある．

　V4に代表されるような色の知覚の成立までは盛んに研究が行われてきて着実に成果を上げているが，さらに高次の作用となると，さまざまな剰余変数をうまく統制しつつ研究を進めていく必要があるだろう．

2.8　色彩調和：神経美学へのアプローチ

　色の用いられ方，色の組み合わせに関しては，芸術作品はいうまでもなく私たちの日常生活においても大きな関心が寄せられている．服の色遣いや，インテリアと日用品など，その応用範囲は広大である．どの色を選ぶべきか，そして選んだ色は適切かどうかという判断は美的評価と密接に関係する．まずは色の美しさとは何かについて考えてみる．

　色の美しさを規定しようとする試みは幾度となく行われてきたが，これらは単色刺激の印象について評定させる課題が大半であった．これらの研究から導き出

2.8 色彩調和：神経美学へのアプローチ

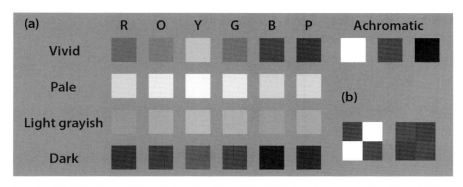

図 2.5 (a) fMRI 実験で用いた色の一覧．(b) 二色配色例（Ikeda et al., 2015, 改変）[カラー口絵参照]

される一般的な傾向は，年代による分析などの縦断的研究や，文化の異なる国どうしの比較を行った横断的研究として結実している．しかし，一般的に評価の高い色であるあざやかな青も，隣接する領域の色によって印象は劇的に変化し，隣接する領域が白であれば評定値は高くなるが，暗い赤では低くなる（図 2.5(b)）．そして，自然環境においては視野内にただ一つの色のみが存在するという状況はなく，周囲にはなんらかの色が付随している．すなわち，色の美的評価は単色では難しく，周囲の色の用いられ方に大きく依存する．

このような複数の色どうしの関係性を説明しようと試みるのが色彩調和理論である．ジャッド（Deane B. Judd）は，『産業とビジネスのための応用色彩学』のなかで色彩調和について，「近接領域で見た二つまたはそれ以上の色が快い効果を生み出してしている」状態であると定義した（Judd and Wyszecki, 1963）．このような組み合わせに法則があるのかどうか，もし簡単な法則で記述することができるのであれば，試行錯誤によらない技術として，広く活用できることになる．

時代を遡ると，「調和」の語源はギリシャ語の"harmonia"にたどりつく．調和とは宇宙の完全性を指すものであり，複数の構成要素が互いに対立しながらも統一的な印象を与えるものという意味をもっていた．本来は音と数学との関係性から出発した調和という概念は，しだいにものの形や色，空間配置というように別の対象にも拡張されていき，数理的，幾何学的な関係性のなかから考察されていくこととなる．

色相環によって色彩に関する考察を展開したダ・ヴィンチやゲーテは，補色の

組み合わせが互いに引き立て合うことで調和をもたらすと考えていた．これもやはり対立するものが統一されることで調和する，というギリシャ的な思想に強く根ざしたものであるといえる．

シュヴルールは「色彩の同時対比の法則」において，次のように述べている（金子，1990）．

①単一色の快さについて．六つの基本色はいずれも快い．

②ある一つの色のトーン尺度上の色について．トーンが等しい段階で並んでいる色は快い．

③同じトーンで異なる色の組み合わせについて．色相が互いに類似しているときは調和感がある．

④著しく異なる色の組み合わせについて．この場合は対比的な，補色関係の色は互いに調和する．

⑤あまり濃くない色ガラスを透して世界を見るときのように，全体的に一つの色を主調とした色の配色は快い．

ここにはまず類似と対比という区分があり，これを色相・明度・彩度について考えると，計6種類の調和があるととらえることができる．これまでの理論が円環という平面的な考え方であったのに対し，立体的な位置関係が導入された．

オストワルト（Friedrich Wilhelm Ostwald）は白色量・黒色量・純色量という三つの指標による色立体を考案した．これは，回転する円盤を理想的な白・黒・とある色相の純色で塗り分けて観察すると，回転が速くなるに従って一つの色に見えてくる．円盤における面積比を変えることで，私たちが知覚できるすべての色を表示できるのではないかという着想に基づいたものである．オストワルトも秩序ある組み合わせが調和をもたらすと考えており，白色量が同じ組み合わせ，黒色量が同じ組み合わせ，純色量が同じ組み合わせが調和するとした．また，色相環上で等間隔性のある組み合わせなど，なんらかの秩序ある関係性に従って選ばれた色は調和するという理論を提案した．

さらに時代が進むと，色を定量的に扱うことが容易になってくる．ムーン（Parry Moon）とスペンサー（Domina Eberle Spencer）は修正マンセル表色系をもとに仮想的な均等色空間を構築し，三つの調和理論を提唱した（Moon and Spencer, 1944b）．一つめは同一の調和であり，2色が同じ色相をもっている場合である．二つめは類似の調和であり，少し離れた色相どうしの場合である．三つ

めは対照の調和であり，補色となる場合である．そして，これらの間に残った領域は不明瞭な組み合わせとされ，同一と類似の間は第一不明瞭，類似と対照の間は第二不明瞭領域とされた．

また，ムーンとスペンサーは調和の程度を「美度」という式から導き出す試みも行っている（Moon and Spencer, 1944a）．このアイディアのもととなったのは1933年にバーコフ（George David Birkhoff）が発表した美度公式「$M=O/C$」である（Birkhoff, 1933）．美的価値 M は秩序 O を複雑さ C で割ったものであると定義された．これはフェヒナー（Gustav Theodor Fechner）によって拓かれた実験美学における，初めての方程式であると目されている．ムーンとスペンサーの式においては，C は用いた色の数，明度・彩度・色相の差の値をすべて足し合わせたものであり，O は明度・彩度・色相における同一・類似・対比，そして面積比であるとしている．

近年では，それぞれの配色に対しての調和度を評定課題によって取得し，これを従属変数として明度・彩度・色相を独立変数とする回帰式をつくる研究手法が定着しつつある（Ou, Chong, Luo and Minchew, 2011；Ou and Luo, 2006；Szabó, Bodrogi and Schanda, 2010）．色彩調和を刺激の性質から定式化しようという試みはいまも受け継がれている．

ジャッドは，多種多様な色彩調和理論を要約して下記の四つの原理があることを示した（Judd and Wyszecki, 1963；近江, 2003）．

①秩序の原理：等間隔に目盛られた色空間を前提として，そのなかから秩序ある，あるいは幾何学的に単純な関係で選ばれた配色は調和する．

②親近性の原理：見慣れた色の組み合わせ，典型的には自然における色の変化や連鎖にしたがった配色は調和する．

③共通性の原理：構成色の間に，ある種の共通性・類似性がある配色は調和する．

④不明瞭性回避の原理：対比や順応などによって，色知覚が不安定になるような配色は調和しない．

さて，「調和」という感覚はどのように生じるのであろうか．目に届く光の性質から説明可能であれば，光の性質に鋭敏に反応する視覚野の働きが重要となるであろうし，ほかの高次認知や情動との関連性があれば，前頭葉や大脳辺縁系の働きに着目してみる必要が生じてくるであろう．

2.9 色彩調和の fMRI 実験

筆者らは，調和していると感じている際に活動する脳領域を探索する実験を行った（Ikeda, Matsuyoshi, Sawamoto, Fukuyama and Osaka, 2015）．色彩調和を生み出す図形をつくるには，色はいくつ使ってもかまわない．しかし，単純に色どうしの関係性だけで調和を論じることができるように，同時に組み合わせる色は二つに限定し，上下左右の配置の影響をなくすため 2×2 のチェッカーボードパターンとした．このパターンに 27 色のカラーパレットから 2 色を選び出して組み合わせを作成した（図 2.5(a)）．また，「調和している」という主観的な感覚と脳活動の対応をみるため，実験参加者に対しては事前に調和・ニュートラル・不調和と判断される組み合わせを 351 種類のパターンのなかから 30 個ずつ選んでもらい，これらを MRI スキャナーのなかで観察してもらった．さらに，スキャナーのなかでも評定課題を行い，調和していると感じたときの脳活動を確実に拾い出す実験デザインを組んだ．

その結果，調和する組み合わせを見ているときには大脳の最も前方かつ底面に近い眼窩前頭皮質（orbitofrontal cortex：OFC）の内側部（内側眼窩前頭皮質：medial orbitofrontal cortex：mOFC）が活動し，不調和な組み合わせを見ているときには大脳皮質の内側にある小さな神経核である扁桃体（amygdala）が活動することがわかった．

OFC の後方は，味覚・嗅覚における第二次感覚野としての働きや，各種感覚野からの入力を受けて感覚を統合する働きももっており，前方および内側面に進むにつれて，統合された感覚表象に対する評価も行っている領域である（Kringelbach, 2004）．神経美学に関する過去の研究を参照すると，OFC は「美しい」という印象と強く結びついた領域であることがわかる．絵画を観察しているときの脳活動を調べた研究では，美しいと感じる度合に応じて，OFC が賦活されることが報告されている（Kawabata and Zeki, 2004）．また，音楽の研究においては，調和する和音を聞いているときには OFC が活動することも報告されている（Blood, Zatorre, Bermudez and Evans, 1999）．fMRI で絵画と音楽を直接比較した研究においても，この OFC は美しい絵画と音楽に共通した賦活領域として検出されることから，「美しい」という印象と強く結びついた領域であることがわかる（Ishizu and Zeki, 2011）．また，絵画・音楽のみならず，顔の魅力

判断（O'Doherty et al., 2003）・モラル判断（Avram et al., 2013；Tsukiura and Cabeza, 2011）などの課題においても，賦活されるのは OFC 領域であることが報告されている.

　前頭葉の内側面で OFC に近接する領域としては，前方には前頭極（frontal pole），上方には ACC が存在する．前頭極側の賦活を報告している研究としては，幾何学図形の対称性と美的評価に着目したものがある（Jacobsen, Schubotz, Höfel and Cramon, 2006）．この研究のねらいも芸術鑑賞のような事前の知識を必要としない，高度に抽象化された刺激に対して美しさの判断を求めているところにある.

　帯状皮質（cingulate cortex）は，大脳半球間の連絡経路である脳梁を取り囲むように位置し，大脳辺縁系の一部を構成し，ACC と後部帯状皮質（posterior cingulate cortex：PCC）に分類される．さらに前部帯状回は構造的に二つに分けられるとされており，より前部から下方に回り込む位置にある吻側部（rostral ACC：rACC）と，尾側部（caudal ACC：cACC）のように区分することができる．さらに，これらは情動関連領域と認知関連領域という性質ももっており，rACC は情動関連課題，cACC は認知関連課題で多く報告がなされていることが多くの研究を統合した結果から示されている（Bush, Luu and Posner, 2000）．調和配色を見ているときの賦活領域は rACC にも広がっており，これは情動価と関連づけられた活動であるといえる.

　しかし，単に「情動と関連する」というだけでは不十分である．調和と不調和はともに情動を喚起しているとも考えられるが，なぜ調和のときにだけ強く活動が起こるのであろうか．絵画に限らず，視覚・聴覚・嗅覚・味覚に関して，ポジティブな美的評価が行われたときの脳活動を報告している 93 件の論文についてメタ分析を行った研究からは，OFC から ACC にかけての内側前頭前野が，四つの各モダリティの刺激に対する反応のうち，いずれか二つがオーバーラップする領域として報告されている（Brown, Gao, Tisdelle, Eickhoff and Liotti, 2011）．情動がポジティブであることで，ニュートラル配色，さらに不調和配色よりも強い活動が起こっていたと考えられる.

　そして，不調和であると感じているときには，扁桃体（amygdala）の活動がみられた．扁桃体は不快情動と強く結びついた領域で，とくに恐怖や不安といった，ネガティブで生物学的に回避することが望ましい情動に対して処理を行って

いることが知られている（Davis and Whalen, 2001）．両側の扁桃体に欠損がみられる成人を対象として行われた研究では，生きたヘビを見せても，遊園地の恐ろしいアトラクションを体験させても，ほとんど怖がることはなかったという（Feinstein, Adolphs, Damasio and Tranel, 2011）．扁桃体が欠けることで，「恐怖を感じる」という心的機能が著しく低減してしまうことが示されているといえよう．また，視覚情報処理においては，扁桃体が情動処理を一手に担っているというよりは，情動にかかわる処理を大脳皮質の各領域に適切に分配する働きをしているという説も提唱されている（Pessoa and Adolphs, 2010）．

　実験の結果から，脳活動のレベルでは，調和と不調和を担う領域は異なっていることがわかった．発生学的には，不調和を担う扁桃体は古く，調和を担うmOFC および rACC はそれよりも新しい．また，迅速に危険を察知するために，視覚野を通らず上丘経由のルートによって情報が扁桃体に伝達されることがある（LeDoux, 1996）ことを考慮すると，調和配色と比べて，不調和配色はなんらかの生物学的な重要性が高いとも考えられる．

　実際に fMRI 実験に用いられた配色のなかで，どのような配色が不調和とされたのかを調べてみると，2色の明度の平均値が低いこと，明度差が小さいこと，彩度の平均値が高いこと，色相差が大きいものが不調和と判断されやすいことがわかった．ニュートラル配色と調和配色においては明確な色の特徴はみられず，不調和配色にのみこのような傾向がみられていた．従来の色彩調和理論は，いかに調和を成し遂げるかという観点から研究がなされてきたが，実は強い影響力をもっていたのは裏返しとなる不調和配色についてのものであった可能性がある．

　さらに具体的に不調和とされた組み合わせを見てみると，深い緑とあざやかな赤のような配色が選ばれている．このような組み合わせは，自然界における「警告色」に相当する．ヤドクガエルは非常にあざやかな色彩と強力な毒をもったカエルで，周囲の環境（植物・地面）からも区別される．このような周囲の環境と異なる色をもつことで，自身が毒をもっていて危険であることをアピールし，捕食されにくくする効果がある（Stevens and Ruxton, 2012）．このときの組み合わせは不調和配色の条件と合致し，不安や恐怖といった情動と関連のある扁桃体の働きを促しているとも考えられる．もちろんこれは数多くの組み合わせのうちの一例にすぎないが，なんらかの生物学的な基盤があることも推察される．

2.10 「調和」の再考

これまで実にさまざまな色彩調和理論が提唱されてきたが，一貫している記述は必ずしも多くはない．「色彩調和」という同じ対象を追求しているはずが，なぜこのような離齬が生じるのであろうか．

ジャッドは簡潔な理論化を妨げる要因として，次の五つをあげている（Judd and Wyszecki, 1963）.

①調和と好みの重複：反応には個人差があり，さらにこれまで無関心であった配色を快く感じるようになったりするという変動が個人内でも起こりうる．

②面積の効果：調和するパターンでも拡大すると効果が減少してしまうことがある．明るい色の領域について許容できるのは，ある程度の範囲までである．

③面積の割合の効果：大きな領域に高彩度色を割り当てると不快な効果を生むが，低彩度色ではさほど強い効果はない．

④諸要素（形）との相互作用：それぞれの領域の形と割り当てられた色との相互作用が生じる．

⑤デザインの意味や解釈の効果：肖像画と抽象画では調和の解釈が異なる可能性がある．

つまり，どのような状況下においてもおおよその人が調和していると判断するような組み合わせは想定することも非常に難しい．ジャッドの指摘からは，視空間的な刺激操作に加えて，どのような組み合わせを目にしてきたかという経験，トップダウン的に影響を与える意味づけなど，さまざまな文脈を規定することによって，その時々に応じた色彩調和のありかたが見えてくることがわかる．

調和と好みの重複という問題に対しては，近年実験的な検討が行われている（Schloss and Palmer, 2011）．実験参加者に与える教示において，「モーツァルトの楽曲には協和音が多く使われ，ストラヴィンスキーの楽曲には不協和音が多く使われているが，どちらを好むかという選択はまた別の問題である」という例示をあげて，以下の三つの切り口から色彩の調和と好みを分離することを試みている．

①ペアとしての好み：二つの色を組み合わせた全体がどのくらい好きかを答える．

②ペアとしての調和：二つの色を組み合わせた全体がどのくらい調和している

かを答える.

③背景色をおいたときの単色の好み：背景色に関してではなく，中央におかれた色がどのくらい好きかを答える.

このことを踏まえて教示を変えたところ，ペアとしての好みと調和においては，色相が似ているほどスコアが高くなることがわかった．これはシュヴルールの理論における「類似の調和」に相当する．しかし，色相が離れていくに従ってスコアが再び上昇するわけではなく，ほかの理論で提唱されている「対照の調和」とは異なる結果となる．背景色をおいたときの単色の好みに関しては，背景色との色相差が大きくなるに従ってスコアが高くなっていた．つまり，シュヴルールが「対照の調和」とよんでいたものは注意が向けられた1色についての好みであり，注意が向けられた色が，背景色との対比によってさらに引き立てられることによって，評価も高くなった結果であろう.

また，著者らの実験の結果からは，調和と不調和が軸の両端となるような評価軸は，必ずしも妥当ではなく，質的な変化もともなっている可能性が示された．それぞれを担う脳領域が異なることと，不調和では色の使われ方自体も異なることがその根拠である．調和を考える上で，まずは不調和に着目するという方法も有効なのではないかと考えられる.

おわりに

本章では色の知覚から配色の美的評価までを概観したが，色に関連する情報は，おもに脳の腹側で処理されていることがわかった．もちろん芸術作品には色以外の要素が多く含まれているが，色の果たす役割と，その評価がどのようにして行われるかということが，脳神経のレベルでもしだいに明らかになりつつある．現在では色知覚が成立する段階であるV4と，情報処理の段階としてその先にある記憶および評価にかかわる前頭葉との関係にはまだ飛躍があるといえるだろう．とくに色と情動のかかわりには不明な点が多く，理論的に適切な統制をともなった研究が，幅広く行われることが期待されている．　　　　　　　［池田尊司］

文　　献

Adams EQ：A theory of color vision. *Psychological Review* **30**(1), 56-76, 1923. doi：10.1037/h0075074

Albert ML, Reches A, Silverberg R：Hemianopic colour blindness. *Journal of Neurology, Neurosurgery and Psychiatry* **38**(6), 546-549, 1975.

Allen MS, Jones MV：The "Home Advantage" in Athletic Competitions. *Current Directions in Psychological Science* **23**(1), 48-53, 2014. doi：10.1177/0963721413513267

Avram M, Gutyrchik E, Bao Y, Poppel E, Reiser M, Blautzik J：Neurofunctional correlates of esthetic and moral judgments. *Neuroscience Letters* **534**, 128-132, 2013. doi：10.1016/j.neulet.2012.11.053

Bartels A, Zeki S：The architecture of the colour centre in the human visual brain：new results and a review. *European Journal of Neuroscience* **12**(1), 172-193, 2000. doi：10.1046/j.1460-9568.2000.00905.x

Bartleson CJ：Memory colors of familiar objects. *Journal of the Optical Society of America* **50**(1), 73-77, 1960.

Birkhoff GD：Aesthetic Measure. Cambridge, MA：Harvard University Press, 1933.

Blood AJ, Zatorre RJ, Bermudez P, Evans AC：Emotional responses to pleasant and unpleasant music correlate with activity in paralimbic brain regions. *Nature Neuroscience* **2**(4), 382-387, 1999. doi：10.1038/7299

Brown S, Gao X, Tisdelle L, Eickhoff SB, Liotti M：Naturalizing aesthetics：brain areas for aesthetic appraisal across sensory modalities. *Neuroimage* **58**(1), 250-258, 2011. doi：10.1016/j.neuroimage.2011.06.012

Bush G, Luu P, Posner MI：Cognitive and emotional influences in anterior cingulate cortex. *Trends in Cognitive Sciences* **4**(6), 215-222, 2000.

Davis M, Whalen PJ：The amygdala：vigilance and emotion. *Molecular Psychiatry* **6**(1), 13-34, 2001. doi：10.1038/sj.mp.4000812

Elliot AJ, Maier MA：Color psychology：effects of perceiving color on psychological functioning in humans. *Annual Review of Psychology* **65**(1), 95-120, 2014. doi：10.1146/annurev-psych-010213-115035

Feinstein JS, Adolphs R, Damasio A, Tranel D：The human amygdala and the induction and experience of fear. *Current Biology* **21**(1), 34-38, 2011. doi：10.1016/j.cub.2010.11.042

García-Rubio MA, Picazo-Tadeo AJ, González-Gómez F：Does a red shirt improve sporting performance? Evidence from Spanish football. *Applied Economics Letters* **18**(11), 1001-1004, 2011. doi：10.1080/13504851.2010.520666

Goodale MA, Milner AD：Separate Visual Pathways for Perception and Action. *Trends in Neurosciences* **15**(1), 20-25, 1992. doi：10.1016/0166-2236(92)90344-8

Hansen T, Olkkonen M, Walter S, Gegenfurtner KR：Memory modulates color appearance. *Nature Neuroscience* **9**(11), 1367-1368, 2006. doi：10.1038/nn1794

Hill RA, Barton RA：Red enhances human performance in contests. *Nature* **435**(7040), 293, 2005. doi：10.1038/435293a

Ikeda T, Matsuyoshi D, Sawamoto N, Fukuyama H, Osaka N：Color harmony represented by activity in the medial orbitofrontal cortex and amygdala. *Frontiers in Human Neuroscience* **9**, 382, 2015. doi：10.3389/fnhum.2015.00382

Ishizu T, Zeki S：Toward a brain-based theory of beauty. *PloS One* **6**(7), e21852, 2011. doi：10.1371/journal.pone.0021852

Jacobsen T, Schubotz RI, Höfel L, Cramon DY：Brain correlates of aesthetic judgment of beauty. *Neuroimage* **29**(1), 276-285, 2006. doi：10.1016/j.neuroimage.2005.07.010

Judd DB, Wyszecki G：Color in Business, Science, and Industry, 2nd ed. New York：Wiley, 1963.

金子隆芳：色彩の心理学. 岩波書店, 1990.

Kawabata H, Zeki S：Neural correlates of beauty. *Journal of Neurophysiology* **91**(4), 1699-1705, 2004. doi：10.1152/jn.00696.2003

Kentridge RW, Heywood CA, Weiskrantz L：Color contrast processing in human striate cortex. *Proceedings of the National Academy of Sciences of the United States of America* **104**(38), 15129-15131, 2007. doi：10.1073/pnas.0706603104

Kringelbach ML：Food for thought：hedonic experience beyond homeostasis in the human brain. *Neuroscience* **126**(4), 807-819, 2004. doi：10.1016/j.neuroscience.2004.04.035

LeDoux JE：The Emotional Brain. New York, NY：Simon and Schuster, 1996.

MacAdam D：Visual sensitivities to color differences in daylight. *Journal of the Optical Society of America* **32**, 247-274, 1942.

Marks WB, Macnichol EF, Dobelle WH：Visual Pigments of Single Primate Cones. *Science* **143**(361), 1181-1182, 1964. doi：10.1126/science.143.3611.1181

McCollough C：Color Adaptation of Edge-Detectors in the Human Visual System. *Science* **149**(3688), 1115-1116, 1965. doi：10.1126/science.149.3688.1115

McKeefry DJ, Zeki S：The position and topography of the human colour centre as revealed by functional magnetic resonance imaging. *Brain* **120**, 2229-2242, 1997. doi：10.1093/brain/120.12.2229

Meadows JC：Disturbed perception of colours associated with localized cerebral lesions. *Brain* **97**(4), 615-632, 1974.

Moon P, Spencer DE：Aesthetic measure applied to color harmony. *Journal of the Optical Society of America* **34**(4), 234-242, 1944a.

Moon P, Spencer DE：Geometric formulation of classical color harmony. *Journal of the Optical Society of America* **34**(1), 46-59, 1944b. doi：10.1364/Josa.34.000046

Morita T, Kochiyama T, Okada T, Yonekura Y, Matsumura M, Sadato N：The neural substrates of conscious color perception demonstrated using fMRI. *Neuroimage* **21**(4), 1665-1673, 2004. doi：10.1016/j.neuroimage.2003.12.019

Munsell AH：A Color Notation, 2nd ed. Boston, MA：Geo. H. Ellis, 1907.

Murphey DK, Yoshor D, Beauchamp MS：Perception matches selectivity in the human anterior color center. *Current Biology* **18**(3), 216-220, 2008. doi：10.1016/j.cub.2008.01.013

Newton I：Opticks：or a treatise of the reflexions, refractions, inflexions and colours of light. 1704.

O'Doherty J, Winston J, Critchley H, Perrett D, Burt DM, Dolan RJ：Beauty in a smile：the role of medial orbitofrontal cortex in facial attractiveness. *Neuropsychologia* **41**(2), 147-155, 2003.

Ou LC, Chong P, Luo MR, Minchew C：Additivity of Colour Harmony. *Color Research and Application* **36**(5), 355-372, 2011. doi：10.1002/col.20624

Ou LC, Luo MR：A colour harmony model for two-colour combinations. *Color Research and Application* **31**(3), 191-204, 2006. doi：10.1002/col.20208

近江源太郎：カラーコーディネーターのための色彩心理入門. 日本色研事業株式会社, 2003.

大山　正：色彩心理学入門. 中央公論新社, 1994.

Pessoa L, Adolphs R：Emotion processing and the amygdala：from a 'low road' to 'many

文　　　献　　　　　　　　　　　　55

roads' of evaluating biological significance. *Nature Reviews : Neuroscience* **11**(11), 773-783, 2010. doi : 10.1038/nrn2920

Schloss KB, Palmer SE : Aesthetic response to color combinations : preference, harmony, and similarity. *Attention, perception & psychophysics* **73**(2), 551-571, 2011. doi : 10.3758/s13414-010-0027-0

Stevens M, Ruxton GD : Linking the evolution and form of warning coloration in nature. *Proceedings of the Royal Society B : Biological Sciences* **279**(1728), 417-426, 2012. doi : 10.1098/rspb.2011.1932

Szabó F, Bodrogi P, Schanda J : Experimental modeling of colour harmony. *Color Research and Application* **35**(1), 34-49, 2010. doi : 10.1002/col.20558

Tsukiura T, Cabeza R : Shared brain activity for aesthetic and moral judgments : implications for the Beauty-is-Good stereotype. *Social Cognitive and Affective Neuroscience* **6**(1), 138-148, 2011. doi : 10.1093/scan/nsq025

Von Goethe JW : Theory of Colours. Cambridge, MA : MIT Press, 1970.

Young T : The Bakerian Lecture : On the Mechanism of the Eye. *Philosophical Transactions of the Royal Society of London* **91**, 23-88, 1801. doi : 10.1098/rstl.1801.0004

Young T : The Bakerian Lecture : On the Theory of Light and Colours. *Philosophical Transactions of the Royal Society of London* **92**, 12-48, 1802. doi : 10.1098/rstl.1802.0004

Zeki S, Marini L : Three cortical stages of colour processing in the human brain. *Brain* **121**, 1669-1685, 1998.

城　一夫：色の知識―名画の色・歴史の色・国の色―．青幻舎，2010.

3

脳機能障害と芸術

　芸術における脳機能を理解するためには，芸術作品や感覚刺激に対する美的感覚や情動について理解するだけではなく，創造性のメカニズムについて理解することも必要となる．美的な感覚や創造性にかかわる脳機能については，健常な人々を対象とする脳機能画像研究がすでにさまざまに行われてきた（第1章参照）．とくに，機能的磁気共鳴画像法（functional magnetic resonance imaging：fMRI）をはじめとした脳機能画像の技術が発展した21世紀に入って以降，脳機能画像を用いた美的感覚や創造性のメカニズムを検討した論文は急激に多く発表されるようになってきた．しかし，それまでにも，芸術と脳機能とのかかわりについては，神経心理学や精神医学，発達障害に関する研究において，脳や精神機能，認知機能に障害をもつ人々を対象とした研究が古くからなされてきている．それらの研究では，傷を受けた脳の部位や，障害・疾病の特質と芸術表現との関連性について検討がなされている．また，脳損傷患者における神経心理学的研究のように，特定の脳部位に損傷があり，芸術表現や美的感受性が障害を受ける場合，その脳部位とその表現や感受性との間には，因果関係を特定できる知見も含まれている．損傷や病変を受けた脳部位（あるいはその部位を含むネットワーク）が，感覚関連領域なのであれば，彼らの知覚や認知に影響を及ぼすだろうし，運動関連領域なら表現の技術的な側面に影響が及ぶであろう．記憶や意思決定，思考，言語などが障害を受ければ……など，知覚的な感受性，表現，創造性など，芸術表現のさまざまな機能に影響が及ぶはずである．

　本章では，脳機能や精神機能，認知機能に関する障害がどのように芸術表現や創造性に関与するかを扱った研究を紹介し，病前と病後とでの「感じ方」や「表現のあり方」の変化を通して，芸術を創造したり美しさを感じたりする心の働きを明らかにしていく．すでに，ダーリア・W・ザイデルによる『芸術的才能と脳

の不思議—神経心理学からの考察』（Zaidel, 2005）にくわしく述べられている部分もあるが，ザイデルが言及していない症例や領域についても紹介し，整理したうえで，芸術と脳機能との間の結びつきについて考えていく．

3.1 脳機能障害と感性の変化

第1章で紹介されているように，ヒトは，自然の風景や人物や芸術作品などを見て，また音楽や自然の音を聞いて，そこになんらかの感性的な印象や評価，情動が生じ，そこには脳の機能や構造が介在している．では，脳の特定の部位やネットワークが損傷や病変によって障害を受けたときに，感じ方に変化が生じるのであろうか．本節では，このような脳機能障害と感性の関係についてみていく．

a. 視覚性感情欠乏症

脳の損傷や病変によって，見ている対象が何であるかはわかるのに，その対象から生じてくるはずの感情がもてなくなる障害があり，それを視覚性感情欠乏症（visual hypoemotionality）という（Bauer, 1982；Habib, 1986）．たとえば，以前は花を見て美しいと感じていた人物が，後頭葉から側頭葉にかけて腹側領域が損傷を受けた後，花を見ても自然の一部ではなく模造品のように見えてしまうという．また，雄大に見えていた風景さえも虚しく感じられ，さらには異性の性的な写真を見ても何も感じないというように，その人物は現実の世界に生きているという感覚が失われたと述べている（Bauer, 1982）．視覚性感情欠乏症では，視覚を通して得られる感情だけが失われ，視覚以外の感覚を通して得られる感情には問題はない．そのため，音楽や会話で得られる感じ方は脳に損傷を負う前と変わらない（同症例は第4章にくわしく解説されている）．

また，左右両半球基底部の側頭後頭部の損傷によって（血腫による），相貌失認が生じるとともに，視覚対象に感情をもって見ることができなくなったという症例の報告がある（Lopera and Ardila, 1992）．さらに，慢性骨髄性白血病の治療でIFN-α2bというインターフェロン治療を行った患者において，右内側頭葉の機能低下が生じるのと同時に，視覚性感情欠乏症が生じたという例も報告されている（Marianetti et al., 2011）．

これらの視覚性感情欠乏症の例は，後頭葉にある視覚皮質と感情の中枢である大脳辺縁系とを連絡する場所が損傷を受けて切断されたために，視覚情報が大脳

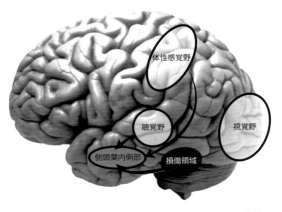

図 3.1 Bauer（1982）による視覚性感情低下の説明
（河内，1997 をもとに作成）
損傷部位で視覚野から側頭葉内側部への情報が一部遮断されるため，体性感覚野の情報と統合ができなくなってしまうという．

辺縁系に伝わらなくなったことが原因であるとされる（河内，1997：図3.1）．また，下頭頂小葉や後頭頂回は頭頂葉と後頭葉から側頭葉に広がる視覚野とつながり，その領域の損傷によって視覚や内受容感覚と記憶との統合ができなくなることも知られており，さらには心的イメージの生成の障害や現実感喪失といった症状が現れるという（ffytche et al., 2010）．

b. 聴覚性失感情症，失音楽症

聴覚性失感情症（auditory hypoemotionality）もしくは失音楽症（amusia）については第4章に詳細に記述されているので，そちらを参考にされたい．側頭葉から頭頂葉にかけて受けた損傷や，島皮質から前頭葉や扁桃体にかけて受けた損傷によって，聴覚を通して得られる感情が障害されることもある（Griffiths et al., 2004；Mazzoni et al., 1993）．この場合，病前には感じられた音楽に対する喜びが，病後には感じられなくなる．そのような症例では，やはり聴覚そのものやそれらを通して得ることのできる認知や，ほかのモダリティ（たとえば，視覚）を通して得られる美的感覚や感情には問題はなく，その点は視覚性感情欠乏症と一貫している．

このように，感覚性の感情欠乏症は，特定の感覚モダリティに依存した症例で

あると考えられよう．特定の脳部位が損傷を受けたり，領域間をつなぎ合わせる場所が切断されたりすることで，「わかる」のに「感じない」ことが生じる．つまり，対象が何であるかという知性に関する脳の働きと，その対象への印象や感覚的な評価としての感性に関する働きとが，脳の障害によって解離することがあることを示唆している．

c. 脳機能障害による好みや愛情の変化

側頭葉切除後に気分障害や不安，神経症を呈することはしばしばみうけられるが（Blumer et al., 1998），側頭葉の損傷や切除によって，個人の気分のような一時的な変化ではなく，ある程度持続的に生じる好みや感情の変化を報告した研究も多少なりとも存在する．

たとえば，てんかんの治療のために行った左半球の側頭葉の部分切除によって，絵画や音楽，文学などの芸術的な好み（preference）が変化したという症例の報告がある（Sellal et al., 2003）．好みが変化したとはいっても，食事や服装，顔といった日常的な好みが変化したわけではなかった．むしろ，趣味的な部分の好みに変化が生じた．以前はロック音楽を好んで聞いていたのが，術後は「あまりにも激しく，速く，暴力的に感じられる」と述べるようになり，以前は興味さえもたなかったケルト音楽やコルシカの多声合唱（ポリフォニー）を好むようになった．また，その患者においては，SF 小説への興味を失い，幻想小説の作家として知られるブッツァーティ（Dino Buzzati-Traverso）を読むようになったり，写実主義の絵画に興味をもったりするようになったということが報告されている．また，右半球の前頭葉の損傷によって食への情熱が現れたり（"Gourmand syndrome" と名づけられている；Regard and Landis, 1997），前頭側頭型認知症を患って以降に音楽の好みが変わることの報告もある（Geroldi et al., 2000）．

また，右半球の側頭葉の部分切除によって家族に寄せていた愛情（もしくは感情的愛着 emotional attachment）が，術後 20 カ月にわたって感じられなくなったという症例の報告もある（Lipson et al., 2003）．ちなみに，詩人で評論家のギヨーム・アポリネール（Guillaume Apollinaire）が戦争で右側頭部に榴弾による外傷を負い，それまでほぼ毎日のように婚約者に情熱的な手紙を書き続けていたが，その事故後，相手に突如関心を失い，詩を書くよりも水彩画を描くようになった（Bogousslavsky, 2005）．

d. 脳機能障害による美的評価の変化

前頭側頭型認知症（frontotemporal dementia：FTD）の分類の一つである行動障害型 FTD（behavioral variant FTD：bvFTD）の患者においては，感情処理の障害がみうけられることがある．bvFTD の患者はアルツハイマー病（Alzheimer disease：AD）の患者に比べて，喜びや怒り，嫌悪のような基本感情の認知が低下するが（Lavenu et al., 1999），顔の認知自体には差がみうけられない（たとえば，Keane et al., 2002）．このような症例報告も，認知と感情の乖離を示すものと考えられる．bvFTD の患者は，前頭皮質の内側背側部を含む眼窩前頭皮質に萎縮が認められる（Seeley, 2010）．

第1章に述べられているように，眼窩前頭皮質は報酬系の一部として，美的評価に重要な役割を果たしている．Boutoleau-Bretonnière et al.（2016）は，15 名の bvFTD の患者と 15 名の健常者（コントロール群）を対象に，コンピュータの画面上で 32 の抽象画作品の鑑賞をしてもらい，bvFTD の患者における美的評価（美しいか醜いか），感情的関連性（心を動かされたかどうか），情動価（心地よいかどうか）の評定を行わせると，bvFTD の患者は健常者に比べて，ポジティブな感受性が低い反応を示すことを報告している．

このような変化については，側頭葉に受けた外傷が認知と感性との解離を引き起こしたり，前頭葉の萎縮や病変が認知と評価との乖離を引き起こしたりして，感受性が低下する原因となっているのではないかと推察される．これらの症例では，脳の器質的障害による感性の欠如や感性の性質の変化という，脳と感性との間の因果関係を示唆している．

3.2 脳機能障害と芸術表現

3.1 節で述べたように，脳機能障害によって「感じ方」は変化する．つまり，損傷や疾病によって障害を受けた脳部位やその部位を含むネットワークが，感覚的な感受性に影響を与えるということである．では，創造性や芸術表現の脳内基盤はどのようになっているのだろうか．本節では，神経心理学的な知見をもとに，これまでの知見を紹介していく．

a. 脳機能画像研究による創造性の脳内基盤

神経心理学的研究や脳機能画像研究では，創造性（創造的表現活動や創造的

問題解決）に右半球が優位であることがしばしば言及されてきた（Miller et al., 2000；Heilman et al., 2003）．たとえば，健常者を対象とした脳機能画像研究では，ペンが描かれた画像を見ながら，新しいペンのデザインを考案するという課題をしているときの脳活動を fMRI で計測し，デザインに熟達した被験者（エキスパート）とそうでない被験者（素人）の脳内活動の違いが検討され，熟達した被験者は右半球の前頭領域が左半球のそれよりもより活動量が高くみられている（Kowatari et al., 2009）．また，Solso（2001）は，画家のように絵を描くことに熟練した人とそうでない素人とで，鉛筆で顔のデッサンをしているときの脳活動を fMRI で計測した予備的研究を行い，顔の刺激画像に対して応答する紡錘状回近傍の活動は両者で変わらないが，画家においてのみ右半球の前頭葉が強い活動を示したことを報告している．さらに，芸術表現の専門教育を受けた人がそうでない人よりも右半球の前頭葉において高い神経活動の同期がみられたという知見もある（Bhattacharya and Petsche, 2002）．

　しかし，発散的思考（divergent thinking）によって測られた個人特性としての創造性が，安静時脳機能結合（resting state functional connectivity）において内側部の前頭前野と後部帯状回との連絡と関連していることが示唆されていることや（Takeuchi et al., 2011），視覚的な図形の組み合わせで測られた創造性が左半球の前頭前野や補足運動野，下前頭回などに優位な活動がみられたといった知見もあるなど（Aziz-Zadeh et al., 2013），右半球のみが創造性に関与しているかというとそうでもなく，脳全体のネットワークの問題が重要になっていることを示す知見も多い．

b.　脳機能障害による芸術表現の変化

　一方で，脳に損傷や病変が生じた芸術家の表現や認知がどのように変化していったかについての知見は，脳機能画像研究だけでは不足する貴重な情報を提供してくれるであろう．局所的な脳損傷が生じた部位が芸術表現や認知に与える影響をとらえることによって，創造性や芸術表現に関係する脳の働きが，因果関係として浮き彫りになってくる可能性がある．左半球および右半球それぞれの損傷によって芸術表現や表現上の認知は，どのように変化するのか，また脳のどのような働きが芸術家の表現に関係しているのであろうか．

1) 左半球の脳機能障害と芸術表現

まずは左半球に脳機能障害を負った症例をいくつか紹介しよう．

○左半球の脳機能障害で芸術表現に変化が生じなかった症例

先に紹介するのは，左半球の脳部位に損傷を負うことで言語や右半身の運動に障害が生じても，芸術表現には大きな変化が生じなかった症例である．

頭蓋骨の埋没骨折により左半球の前頭-頭頂領域に損傷を負い右手の使用が弱くなった19歳の美術学校生の症例では，言語の表出や理解には問題が生じなかった一方，創作活動には障害が生じたことが報告されている（Kennedy and Wolf, 1936；Zaidel, 2005）．発症後2週間が経過した時点で，彼は顔を描くように指示されても，円で描いた輪郭のなかに目にあたる二つの点と鼻にあたる1本の垂直な線，口にあたる1本の水平な線を描いたのみで幼児画のような表現であった（図3.2左）．その後，描く訓練を重ねて日々技術は戻り，やがて半年ほど後には十分に芸術表現ができるレベルまで回復した（図3.2右）．このように，左半球に損傷を受けても言語には困難は生じず，一時的に芸術表現に困難が生じた症例といえよう．

一方で，左半球の損傷によって言語の表出に困難が生じても（言語の理解についてはそれほどの障害はなかった），芸術表現能力は保たれていた画家の症例もある（Alajuanine, 1948）．画家が52歳のとき，左半球の側頭葉後部と後頭葉を含む領域に脳血管障害を引き起こし，ウェルニッケ失語症と弱い視野欠損を負ったが，構音障害や右半身の麻痺は生じなかった．言語の表出においては，音韻の

図3.2　左半球の前頭-頭頂領域の損傷直後の描画（左）と，その後半年経過した時点での描画（右）（Kennedy and Wolf, 1936）

誤りや言い誤りといった錯語や，意図的な言葉の使用にも障害が生じたが，言語の理解には重篤な障害はなかった．さらに，文字の読みと書き言葉には障害が生じたが，文字の表現では時間がかかりながらも，極端な歪みは生じなかったという．また，知的側面には問題は生じなかった．かつて自分がおもしろいと感じていたものを思い出して言葉にすることも困難であったが，その感覚や感情状態は完全に失われていなかった．この症例では，失行の症状が出てしまうときに一時的に創作を止めるだけで，脳の損傷にともなう言語障害とは関係がなく，芸術表現の技能は変化せずに残されていた．

さらに，ブルガリアの画家ズラテュ・ボヤジエフ（Zlatio Boyadjiev）は，48歳のときに左半球に脳血管障害を負い，右手に重度の麻痺が生じるとともに理解・発話ともに困難がある失語症になった（Zaimov et al., 1969）．彼の言語能力の回復はあまりみられなかったが，病後も絵画表現は続け，麻痺のない左手で絵を描くことを訓練して，病前のようにテーマも変わらず絵を描くことができるようになった．Zaidel（2005）は病後のボヤジエフの表現について「色は豊饒感が低下して変化も乏しくなり，作品のなかに描かれる図形の数も減少している．一つの作品のなかに想像や現実のテーマの混合がみられ，また線の収束による遠近法の使用も病前と比較して明らかに減少している」と，彼の表現における感受性の変容について指摘している．それでも，描画能力に極端な変化がみられたわけではなく，言語能力と芸術表現能力とが乖離していることの表れであるといえよう．

画家であり彫刻家でもあったベニ・フレンジー（Beni Ferenczy）は，66歳のときに左半球の脳血管障害により右半身麻痺と運動性失語を負ったが，その数カ月後，再び左手を使って発症前と同じように芸術活動を再開した（Kornyey, 1977；Marsh and Philwin, 1987）．病後，描こうとする線が定まらなかったり遠近法が部分的に失われたりしたが，彼の素描や水彩画は基本的に病前と変わることはなかった．彫刻作品についても同様に，病後でも基本的に三次元的表現や芸術的創造性を発揮することができた．

ほかにも，このような芸術家における脳機能障害の例は，さまざまに報告されている．フランスの画家パウル・エリス・ジェルネ（Paul-Élie Gernez）は，52歳のときにウェルニッケ型失語症と片側視野欠損が生じ（脳血管障害の詳細な記述はない），健忘性失語や錯語，失書がひどかったが，日常生活での理解は比較的できたようで，思考力もさほど落ちていなかった．また自分に生じた障害につ

いて理解しており，描く能力も病前と変わることはなったという（Alajouanine，1948；Boller，2005）．スペインのイラストレーター，ダニエル・アラビエタ・イ・ビエルへの例や（Alajouanine，1948），ドイツの画家で彫刻家でもあったエルンスト・オールデンバーグ（Pese and Ramas-Oldenburg，2004），イタリアの画家アフロ・ベサルデラ（Mazzucchi et al.，1994）など，脳の損傷に付随して生じた心身の症状や回復までの時間の違いはあるにしても，左半球の損傷を起こしても病前と同じように創作を再開し，さほど変わりなく芸術的能力を発揮した芸術家は数多く報告されている．

　これらの症例では，左半球の脳機能障害によって失語症や右半身の運動障害が生じ，一時的に一芸術表現が不可能になっても，芸術表現への意欲は変わらず，技術的な側面も維持されたり回復したりしたことが示されている．しかし，構図や色使いなどには変化がみられたり（Marsh and Philwin，1987），絵の主題に変化が生じたりすることがあると示されている（Kaczmarek，1991）．

○左半球の脳機能障害で芸術表現に変化が生じた症例

　次に，左半球の損傷によって，芸術表現も大きく変化した症例を簡単にみていこう．

　ファッションデザイナーで画家のある症例では，左半球の側頭葉から頭頂葉にかけての脳血管障害によって発話・理解ともに困難が生じた失語症と一過性の右筋力低下を示し，さらに病後に表現，とくに描き方の変化がみられたことが紹介されている（Critchley，1953）．病後は，それまでの特徴であった繊細で細かな線による輪郭を描くことができず，むしろ力強い輪郭で描くようになったという．さらに頭頂葉の後部（視覚野がある後頭葉との境界付近）の損傷によって視空間を表現するのに必要な技術が失われてしまったとされる（Zaidel，2005）．この変化が感受性の変化なのか，好みや創造性の変化なのかは特定することはできないが，表現の仕方の変化が現れた例であると考えられよう．

　次の例は，57歳のときに，左後頭葉に虚血性の脳梗塞によって第1次視覚野（V1）から第2次視覚野（V2）にかけて損傷を負い，右上部視野欠損と自己像幻覚が生じるなどの視覚障害が生じた石版工についてである（Annoni et al.，2005）．病後，視野欠損は部分的に残ったが，記憶力等には問題は生じなかった．また本人も彼の妻も創作面に関する困難は生じなかったと報告している．さらに基本的にパーソナリティの変化もみうけられなかったが，衝動性が増すとともに

高い不安を呈して感情のコントロールが難しくなり，そして描く絵画のスタイルにも変化が生じたという．もともと素朴で原始的美術に影響を受けた絵画を描いていたが，病後はその抽象度がさらに高まり，様式化された象徴的な表現が際立つようになっている．

また，退職した銀行員で，両利きだった男性の症例では，71歳で左の視床部に梗塞を起こしている（Annoni et al., 2005）．50歳で絵を描くことに興味をもち，国内外で展覧会を開くまでになった画家であり，もともとスイスの風景を好み，印象派的表現をとっていたが，病後は幾何学的でより単純化された抽象絵画を描くようになった．この症例では，後頭葉へ広がる損傷が，抽象化された表現への変化をもたらしたと考えられている．

さらに，ポーランドの画家でルビン大学の准教授でもあった症例では，51歳のときに左前頭葉に脳血管障害が起き，失語症と右半身の手や足に麻痺が生じた（Kaczmarek, 1991）．木炭画で描く自画像や風景画においては技術は保たれていたものの，病前に彼の表現の特徴であった言語的で象徴的な表現は困難になった．この症例は，言語的な象徴が視覚的表現における象徴と関連していることを示す数少ない症例である．それでも治療と訓練のおかげで，言語能力の回復とともに，もともと彼の特徴であった象徴的表現も可能となっていった．

これらの例は，左半球の損傷により，多くは失語症など言語の機能の低下がみうけられているが，芸術表現を止めるほどではないことが示されている．表現の様式や作風に影響がなかったものもいれば，影響が生じた例もある（技術的な問題も大きい）．しかし，それでも言語機能は改善されなくても，表現することに大きな問題は生じていないともいえる．

なお，Alajouanine（1948）は「ボレロ」や「水の戯れ」などで知られる著名な作曲家モーリス・ラベル（Maurice Ravel）の病状について述べている．ラベルは晩年，軽度の記憶障害や言語障害に悩まされ，交通事故によってその症状が悪化したとされている．その原因は大脳皮質基底核変性症（corticobasal degeneration）であるとされ，メロディーを再認し，音程やリズムなどの音楽能力については維持できたが，もはや読譜はできなかった．読譜には言語処理が不可欠であるとされ（Sergent et al., 1992），ラベルの例もまた言語能力と芸術表現能力との解離の例といえないこともない．実際，かの有名な「ボレロ」は言語能力の低下がみられた後（1928年）に作曲されたものである．

2) 右半球の脳機能障害と芸術表現

　左半球の損傷が身体の右半身の麻痺や右視野の失認や欠損を生み出すとともに，多くの症例において言語障害を引き起こしつつも，その病後の症状に悩まされた画家たちはなんとか絵を描くなどして病前とほぼ変わらぬ芸術表現を維持した．では，右半球の損傷を負った芸術家たちは，病後どのような表現をするようになったのだろうか．多くの症例では，右半球に損傷を負って，左半身の運動に障害が生じたり，左視野欠損等の視覚障害が生じても，言語が障害されることは報告されていない．

○右半球の脳機能障害で芸術表現に変化が生じなかった症例

　世界的に著名な映画監督フェデリコ・フェリーニ（Federico Fellini）は，73歳のとき，右半球の側頭-頭頂接合部に脳血管障害を起こし，左半側空間無視と左半身の運動や感覚の障害が生じた（Cantagallo and Della Salla, 1998）．言語障害や記憶を含む一般的な認知障害，右頭頂葉の損傷でしばしば認められる相貌失認はみられなかった．映画監督になる前には挿絵画家として仕事をしていたこともあり，彼は絵がとてもうまく，病後に左半側空間無視が生じても，描画能力にはまったく変化がみられなかった．一般的な左半側空間無視では左視野にさまざまな無視が生じるが，フェリーニの場合には発症初期を除いて自発的に描くもの（漫画）にはそれがなく（発症初期には描画でも左画面の欠損が部分的にみられた），描く線や筆使いといった描画技能や，そこに表現されるユーモアも維持されており，概念的・意味的な表現には問題がなかったという（Cantagallo and Della Salla, 1998 には彼の病後の描画が掲載されている）．

　そのほかにも，画家・建築家として知られているグリエルモ・ルシノリ（Guglielmo Lusignoli）は芸術活動のまっただ中にいた 67 歳のときに右半球の脳卒中に倒れ，半視野盲と左半身の感覚異常に悩まされたが，その後制作を再開し，多くの作品を描き続けたことがわかっている（Mazzucchi et al., 1994）．

○右半球の脳機能障害で芸術表現に変化が生じた症例

　脳の損傷にともなういろいろな障害はありながらも，病前と変わらない表現ができた芸術家たちもいる．一方で以下に紹介する症例では，表現にさまざまな変化が生じている．

　75 歳で右半球の中大脳動脈梗塞による発作に倒れたある画家は，左半側空間無視と初期症状として空間の歪みや相貌失認に悩まされた（Jung, 1974）．その

画家，レーダーシャイト（Anton Räderscheidt）は「魔術的リアリズム（magic realism）」の提唱者の一人として知られ，若いときには端正かつ幻想的な写実的表現を，その後キュビズムの影響により作風はしだいに抽象化されていった．病後，彼は肖像画やカップルの絵，ヌード作品を描いたが，線や形，色の表現は粗くデフォルメも激しくなった．病後しばらくは作品の左側は半側空間無視の影響が現れ，空白が目立つようになった．その後，彼の観察力で半側空間無視を補い，画面いっぱいに筆で描けるようになっている．レーダーシャイトは左半側空間無視があったゆえに注意深く対象を観察するようになった．なお，レーダーシャイトの作品は彼の息子，パスカルがウェブサイトで病前病後問わず多くを公開している（http://www.raederscheidt.com/）．

　54歳のときに脳血管障害の発作を起こしたある画家の症例では，右半球の頭頂-側頭-後頭接合部に広範な損傷を負い，左半身の麻痺や左半側空間無視，さらには幻覚，気分の乱れ，うつと躁との頻繁な繰り返し（双極性障害），食欲や性欲などの強い欲求などを呈するようになった（Schnider et al., 1993）．言語や計算といった認知過程や，顔や色などの視知覚には問題はなく，言語・非言語問わず記憶にも重篤な障害はなかったが，病後しばらくは極度に口数が多くなった．描画では，左半側空間無視の影響もあり画面の左側の表現が難しく，顔やある程度複雑な形の鏡映表現などの空間的操作をともなった描画も同時に難しくなっていた．双極性障害の影響で，うつ状態のときにはあまり描こうとせず絵も暗いものであったが，躁状態のときにはたくさんの絵を描こうとし明るい表現となった．また，絵を描く集中力が極度に低下したり，油絵よりも鉛筆や木炭による表現を好んだりするような変化もみうけられた．右半球の損傷によって，描こうとする対象の基本的概念にデフォルメーション（不適切な過度な強調）が生じることが知られているが（Piercy et al., 1960），この患者の場合には対象の認知と表現とには一貫性が保たれていた．しかし，発症前の表現と比較して構図は似ていても，絵はよりスケッチ的なものとなり，より単純化されていった．

　また，ドイツの新即物主義の画家として知られ，かつてドレスデン美術アカデミーの教授でもあったオットー・ディクス（Otto Dix）は，76歳のとき右半球の脳血管障害によって，左半身麻痺と左半側空間無視，部分的片側視野欠損が生じた．病前と病後とで，少なくとも自画像における彼の表現は大きく変化したと報告されている（Jung, 1974；Bäzner and Hennerici, 2006）．顔の構造の空間

構成は崩れ，カリカチュア（戯画）的になり，病前の彼のよりボリュームを感じさせる表現からはほど遠いものとなった（病前と病後の彼の肖像画については，Bäzner and Hennerici（2006）を参照のこと）．

　現実的自然主義者のドイツの画家ロヴィス・コリント（Lovis Corinth）の例もよく知られている（Jung, 1974；Butt, 1996）．彼は 53 歳のとき，右半球に脳血管障害を負い，一過性の左半側空間無視と，足を引きづって歩かざるをえなかったり左手が複雑な作業に追いつかなかったりと左半身の筋力低下が生じた．発症後も，精力的に創作活動に打ち込み，また発作に倒れた後であってもなお彼の作品は卓越しており，線の特徴，構図全体の均整，細部の表現，奥行き感などは，描く技術が保たれていた．発症後まもなく，彼の描いた自画像には，何の崩壊や誇張もみられず，自分の表情を正確に描こうと試みている．しかし，画面の半分には軽度の無視がみられ，病前にはみられなかった背景には右から左斜めに平行な線で埋めるハッチングの技法が注意深くかつ組織的に描かれている．右頭頂葉の損傷後でも彼の努力のかいもあって，構図やバランスと奥行き感の表現に変化はないが，線遠近法は正しく表現されず，また筆使いはより太く，詳細の配置の間違いや，白色が広く用いられ，構図も単純なものになっている可能性が否定できなかった．

　さらに，アメリカの画家でハリウッド映画の多くのポスターを描いたレイノルド・ブラウン（Reynold Brown）は，59 歳のときに心筋梗塞とともに脳卒中を患い，それまで絵を描いていた手腕を含む左半身麻痺と半側空間無視（とくに左下視野）を負った（Bäzner and Hennerici, 2007）．左手で絵を描いてきただけあって画家としての予後は絶望視されたが，同じく画家であった妻の助けもあり，再び絵を利き手ではない右手で描くことができるようになっていった．それでもキャンバスの左下部を描き残していたり，右側はしっかりと描き込んでも左側はあっさりとなったりした．すでに紹介した何人かの右半球に損傷を負った画家たちと同じように，彼が描いた肖像画の左側は著しく歪み，さらに右側から左側へと引っ張り伸ばしたような表現となった（それでも，彼は死ぬまで絵を描き続けた）．

　これらの例のように，病後描くことはできても，その表現に歪みが生じるなどの脳の損傷の影響が現れている例は多い．一方で，右半球に損傷を負ったがゆえに，以前の方法を捨て去り，新たな表現方法を意図的に採用した画家たちもいる．

　オーストリアの画家ウルフガング・アイヒンガー＝カセック（Wolfgang

Aichinger-Kassek）は，63歳のときに右半球の血栓症に倒れたが，その後ゆっくりとではあったが回復した（Jung, 1974；Bäzner and Hennerici, 2006）．しかし，そもそも彼が手がけていた溶接した鉄でつくり上げる彫刻を続けることができないと思い，そのかわり，脳卒中によって生じたうつ状態などの病や心の状態をもとに描き上げた"neurological folios"と彼がよぶ30作にも達する絵を生み出していった．

　さらに，ポーランドの画家クリスティナ・ハブラ（Krystyna Habura）は，61歳のときに，右半球の前頭葉から側頭葉，頭頂葉におよぶ広範な脳血管障害を負い，軽度の運動性失語と左不全片麻痺，さらには空間見当識，書字，描画の障害を呈した（Pachalska, 2003, 2008）．彼女は，病後に絵を描こうとしても何も描ける気がせず，あたかも芸術的才能が失われたかのように頭の中が空っぽになったように感じたという．彼女はもともと両利きであり，左手で形や対象のだいたいの構造を描き，その後右手で細部を丁寧に仕上げるという表現をとっていた．脳の損傷の影響で，左半身の麻痺により左手で絵を描くことができなくなったが，それでも発症後数カ月にわたる訓練を経て彼女は右手で再び絵を描くようになった．描かれた作品には空間的な歪みはみられなかったが，病前ほど詳細かつ明瞭に描くことはできなかった．それでも，絵と文字とを同じ画面上に合成した新しい表現をとるなどの創作を続けている．その後，さらなる回復ののち，かつてのように右手で細部を左手で大まかな形を描くことができるようになり，病前ほどの力強さや細部の正確さはないにしても，ある程度は病前の描く技能を保った活動的な芸術表現が可能になった．それでも，病後はかつてよりも複雑さは減り，スケッチ的な表現が主立った．そしてテーマも，自分自身の病気や苦しみを描き出すようになっていった（Zaidel, 2005）．

　これらのほかにも，「メルツ」運動で知られ，ダダイズム運動や構成主義，シュルレアリスムなどの多様な芸術運動に参加した著名な画家であるクルト・シュヴィッタース（Kurt Schwitters）の例も知られている．彼は57歳のときに右半球に脳血管障害を負い，左手腕は不全となってしまった（Bäzner and Hennerici, 2006）．病後もさらなる健康問題に苦しんだが，ごく小さな絵画や彫刻作品を作成することはあった．

　右半球の損傷は，画家たちの認知過程とそれに基づく表現にどのような影響を与えたのであろうか．画家であり彫刻家のトム・グリーンシェフィールド（Tom

Greenshields）は，75歳のときに右半球の頭頂葉と前頭葉後部の損傷が示唆される脳血管障害によって左下視野の欠損と左半側空間無視，さらに左半身の筋力低下を起こした（Halligan and Marshall, 1997）．そもそも，その発作の8年前，彼は事故で右手にけがを負い，左手で創作活動を続けざるをえなくなったが，それでも作品の展覧会を開くなど，意欲は衰えなかった．しかし発作に倒れてからは，頼りの左半身も不自由になり，作品もうまくつくれずに苦悩した．作品の左側は無視され，絵画でも彫刻でも右側だけに注意が集中し，さらに歪みが大きい作品を制作することとなった．右半球損傷を負ってもなお作品をつくった彫刻家の例はほかにはほとんど知られておらず，右半球の損傷が三次元空間の表現に影響を与え，立体表現を難しくした可能性も指摘されている．

　また，71歳のときに右頭頂葉後部に生じた脳出血を負った症例も参考になるであろう（Blanke et al., 2003）．彼女は，左半身の麻痺や運動障害はなかったものの，左下視野の欠損と軽度の左半側空間無視が生じた（とくに自発的描画においてひどく現れた）．たとえば描かれたバラのブーケの絵では，対象が右に寄り，絵の左側は歪みが大きく，また精緻に描き入れることはなかった．また，彼女の絵では，左側に輪郭や形が描かれた場合にも，色を塗ることはなかった．つまり左視野における色の無視が生じた．彼女が描いた22枚の絵では，形の無視よりも色の無視が顕著であり，そのうち16枚において色の無視が認められている．病後6週間ほどで表現における形や色の無視については消失したようである．しかし，右半球の頭頂葉後部の損傷によって，一時的にでも，形と色のそれぞれにおいて無視が生じたことは興味深い．

3.3　脳機能障害による創作動機の変化

　これまでに紹介したのはそもそも芸術家であった人が脳機能障害（とくに脳血管障害）を負った例であったが，脳血管障害によって突如，芸術的創作に目覚めてしまうという例も知られている．それまでまったく芸術に縁がなかった人たちが，脳血管障害によって脳が損傷を受けることによって芸術的創作意欲を爆発させた例は少ないながらも知られるようになった．

　アメリカでカイロプラクターをしていたジョン・サーキン（Jon Sarkin）は，35歳のときにひどい耳鳴りとめまいに苦しみ，その原因であるとされた脳神経への血管による圧迫を取り除くために脳外科手術による治療を受けた（Winner and von Karolyi, 1998). しかし，彼は術後のひどい出血により昏睡状態に陥り，すぐに血腫と小脳の部分的切除が必要になった．病気からの回復はとてもゆっくりであったが，じきに退院して家に帰ることが許されるようになった．ただしそのとき，彼は別人へと性格が変化していた．躁的な気分に満ち，哲学的なまとまりのない話や，奇妙な詩，複雑でおかしな絵を描くことに駆り立てられ，もはや絵を描くことを自分でも止められなくなっていた．いまやサーキンは著名な芸術家として知られ，彼が描く絵は 100 万円以上で取り引きされている．サーキンの人生については，Nutt（2011）にまとめられている．

別の例としてよく知られているのはトミー・マクヒュー（Tommy McHugh）である．彼はくも膜下出血に倒れたが一命を取り留め，日常生活へと復帰することができた（Lythgoe et al., 2005）．病直後は，右半球の視覚野の機能が障害を受けたことが原因となり左視野無視が生じたが，その後の生活で改善した．ただし，病後，彼もまた性格が変化し，言いたいことを抑えることができず，仕事や気分の切り替えがうまくいかなくなった．ただ幸運にも，知的にも手指の運動にも大きな障害は残らなかった．彼は生活に復帰するとすぐに，それまで興味もなかった絵画や彫刻などの創作意欲の衝動に駆り立てられ，それ以降の人生は創作活動そのものとなった．「抑えられない」彼の病後の症状が，まるで何かに取り憑かれたように絵を描かせ，彫刻作品をつくらせることとなった．マクヒューはとくに人の顔などのスケッチを何百枚も描き，大きなキャンバスに描くようにもなった．ただし創作意欲は急激に高まっても，表現技術そのものが突然に向上したということではなかった．それまでの彼は，絵を描くことや彫刻の訓練を受けてきたわけではなく，脳血管障害によって生じた彼の変化は，芸術的才能の変化というよりもむしろ感性の変化であった．

3.4 緩徐進行性神経病変による芸術表現の変化

事故や脳卒中など，突然の脳血管障害によって脳の神経細胞群が損傷を受け，損傷を受けた脳領域やそのネットワークがもつ脳機能が障害されることがある一方で，特定の神経細胞群が徐々に死滅し，脳が萎縮し，容積が減少することがある．緩徐進行性神経病変には，パーキンソン病やアルツハイマー病，筋萎縮性側索軟化症（ALS）などがあげられる．このような神経病変によって芸術表現が受ける影響は，認知や行動，そして運動の機能低下に基づいている．そのような進

行性の脳の疾患をもつ画家の例でも，症状が進行して脳に萎縮が生じても描画能力はある程度保たれることが多く報告されている．しかし，脳の萎縮がひどく進行すると，運動機能や記憶などさまざまな認知機能に障害が生じて最終的に絵を描けなくなってしまう．さまざまな症例から明らかになるのは，右半球に起きた脳血管障害や萎縮などの病変は，左半球に起きたものよりも，美的感覚や芸術的表現においてさまざまな点に障害をもたらしやすいということである．たとえば，形や輪郭の表現，物体どうしが構成する空間配置，さらにはどこに何があるかを評価するための自己中心座標系に基づく知覚が阻害されてしまうことが多い．ただ，パーキンソン病やアルツハイマー病などの緩徐進行性神経病変では，大脳辺縁系などの脳の中心部から大脳新皮質へと広がりをみせ，左右半球の病変の違いが限定的に患者の表現の変化を生み出すのは，病後の限られた期間であることが多い．

a.　パーキンソン病患者における芸術表現

　パーキンソン病は，線条体をはじめとする大脳基底核に投射する黒質緻密部のドパミン作動性細胞が変性することにより発症すると考えられている．その結果，線条体にドパミンが欠乏する．症状としては手足の震えや筋肉が固まり動作や歩行が難しくなるなど，運動系に障害が現れることになる．また，パーキンソン病には認知症が随伴していることも多い．パーキンソン病を患った芸術家たちは，その後どのような表現をみせたのであろうか．以下では認知症をともなわなかった例を紹介する．

　ドイツの芸術家ホルスト・アシェルマン（Horst Aschermann）は彫刻や陶芸などの分野で知られている．彼は33歳にしてパーキンソン病を発症し，右手の震えなどが顕著であった．治療薬の服用を始めたが病気は進行し，体の痛みや異常な姿勢，そして筋収縮は悪化した．ただ幸運にも認知症の兆候はみられなかった．彼は彫刻作品をつくるためにハンマーやのみを使うことができなかったが，そのかわりに粘土を用いた表現を行い，創作活動を続けた（Lakke, 1999；Zaidel, 2005）．また，Lakke（1999）は，認知症の随伴していなかったパーキンソン病の芸術家26例を分析した．彼らの中には，病気の進行にともなって手指の動作の機能不全を負うことで技術の変化などがみられたにもかかわらず，絵画や彫刻，漫画，デザインなどを通して，生涯にわたり創作活動を続けた者もいた．

3.4 緩徐進行性神経病変による芸術表現の変化 73

　また，3.3節で述べたサーキンやマクヒューと同じように，パーキンソン病の患者が，治療の経過とともに創作活動に夢中になりだしたという例もある（Chatterjee et al., 2006）．患者は投薬による治療を十数年受けていたが，彼の体の動きは悪化していった．ただ，知的な面ではほとんど障害を受けておらず，発話も言葉の理解もはっきりとしていた．医者から気晴らしのために絵を描くことを勧められ，手が震えてなかなか動かないながらも何とか絵を描くようになった．当初はゴッホの絵に触発され具象的な風景画などを描いたが，しだいにより抽象的なものを描くようになった．そして，絵を描くことにのめり込み，数年で何百もの作品を描いた．マクヒューは素人だったが，このパーキンソン病患者はもともとグラフィックデザイナーを仕事としており，絵を描く技術はもち合わせていた．しかし，創作意欲が高まったからといって，さらに技術が向上したわけではなかった．この患者は病気の進行に合わせて薬を変えるようになっており，パーキンソン病の治療薬であるドパミン作動性薬が，彼のアートへの衝動性に影響を与えたのではないかと考えられている．ドパミンは中枢神経系に存在する神経伝達物質であり運動調節に重要であるが，同時に快の情動や意欲などの脳の機能にかかわっており，絵を描くことにおいて脳の快や意欲が増すように治療薬が影響したとも考えられる．そのほかにも，写実的な表現を好んでいたアマチュア画家がパーキンソン病を患い，ドパミン作動薬による薬物治療によって創作意欲が高まり，また，情感たっぷりな印象派風の絵を描くようになった症例も報告されている（Kulisevsky et al., 2009）．

　このようなパーキンソン病患者そのものの症状がもたらす創造性への影響や，治療過程でみせるさまざまな変化が創造性と関連していることを示唆する研究はいくつも紹介されている（Schrag and Trimble, 2001；Walker et al., 2006）．とくに，パーキンソン病における衝動制御障害（impulse control disorders：ICDs）は前頭葉と大脳辺縁系とを結ぶ神経回路におけるドパミンの余剰が原因となっている可能性がある（Lawrence et al., 2003）．中脳-大脳辺縁系におけるドパミン作動性ニューロンの活動は，動機づけや報酬への探索行動と結びつき（Wise, 2005），創作意欲や新しいものへの探索や感度の向上へとつながった可能性もある．この患者の場合，ドパミン作動性薬治療ののちすぐに，創作意欲だけでなく作風の変化をももたらされた．ドパミンは報酬と関連しており，脳が反応する報酬とは美や魅力などの感覚を喜ばせる刺激でもある（Aharon et al., 2001；

Kawabata and Zeki, 2004；Ishizu and Zeki, 2011). この患者の場合, 薬による連続的なドパミン作動性の刺激が, 彼が感じる光や色といった視覚刺激によってもたらされる情動的側面の知覚に影響し, そこに感じうる快が彼の表現を変化させたとみることもできる (Kulisevsky et al., 2009).

　実際, ローンメら (Lhommèe et al., 2014) はパーキンソン病の治療によって, 継続的な創作意欲が高まった患者たちとそうでない患者たちとを比較したところ, 前者においては後者よりもドパミン作動薬の服用量が多かったことが明らかになっており, さらに躁傾向 (mania) や趣味に熱中する度合 (hobbyism), 夜間多動性 (nocturnal hyperactivity), 欲求を充たそうとする傾向 (appetitive functioning), 高揚感 (euphoria) といった側面が高く, アパシー (apathy：無感情) 傾向や情動不安傾向が低いことが示されている. それらの創作意欲が高かった患者たちは, そもそも視床下核の深部脳刺激法手術をすることになっていた人たちであり, その手術によってパーキンソン病の治療効果にはつながったが, 創作意欲については 11 名中 1 名だけが維持されて, 残りはその傾向がなくなってしまったという.

b.　アルツハイマー病による芸術表現の変化

　パーキンソン病と並んでアルツハイマー病も緩徐性の脳疾患の代表である. その病理についてはここではふれないが, 大脳辺縁系で神経変性がまず生じ, その後に新皮質全体へと広がっていく. そのことで脳は萎縮し, 記憶力をはじめとするさまざまな認知機能は低下し, さらには人格の変化さえもたらすことがある. 感覚皮質や運動皮質に影響が現れるのは, この病気の最終段階であるが (Braak and Braak, 1991), アルツハイマー病による脳の病変が, 視覚的注意や運動視, 奥行き視, 色知覚などの視覚情報処理に対しても影響をもたらすことが報告されている (Mendola et al., 1995；Rizzo et al., 2000).

　アルツハイマー病を患った著名な画家としてウィレム・デ・クーニング (Willem de Kooning) をあげることができる (Espinel, 1996). 彼はポロックやロスコと並んでアメリカの抽象表現主義を代表する画家であり, 第二次世界大戦後のアメリカを美術大国へと押し上げた一人である. 彼の絵画は激情的な色彩でおおわれた, 抽象とも具象とも分類することが難しい表現が特徴的であり, 感情表現の画家として評価されている. 「女」シリーズはとくに有名であり, 彼自身の女性へ

の嫌悪感や不安，残酷さといった感情が表現されているとされている．デ・クーニングは 70 歳になる頃からアルツハイマー病となり，それにともなう運動や認知能力の低下によって創作活動が鈍り始めた．家族や友人の助けもあって絵を描き続けることができたが，以前の激しく厚塗りで激情が投影された色彩やグロテスクな表現は影をひそめていった．症状の悪化とともに，曲がりくねった線によって面を構成し，より抽象度が高まり簡素化されていったが，それでも抽象表現主義は彼のなかで維持され続けた．色彩や明暗の表現も以前とは変わっていった．認知症の進行にともなって，作風や表現に変化が生じても，それでも絵を描くことはできた．しかし，発症以降，いつ絵を描き終えたらいいのかがわからなくなってしまった．

　画家ダネー・チャンバース（Danae Chambers）もアルツハイマー病に悩まされた一人である（Fornazzari, 2005）．49 歳頃からその兆候が明らかになり，55 歳頃には形や空間の表現に変化がみえ始めた．その頃の彼女の脳を MRI で撮影したものには，左側頭葉に嚢胞が確認され，さらに萎縮もやや進んだものとなっていた．58 歳のときに描いた自画像は，何度も塗り直されているが，とくに顔の部分はバランスを欠くものになっていた．同様に，画家ウィリアム・ウテルモーレン（William Utermohlen）も，60 歳を前にした頃から脳の全体的な萎縮が生じたアルツハイマー病となった（Crutch et al., 2001）．彼の場合にはチャンバースよりひどく，その進行とともに記憶力だけでなく，同時に絵を描く表現力も低下した．病気の初期状態では創作活動は可能であったが，しだいに遠近法と奥行き感が消失して形態が崩れるようになり，最後は絵を描くことをしなくなった．画家でイラストレーターでもあったカロラス・ホルン（Carolus Horn）もまた 60 歳頃からアルツハイマー病の兆候を示すようになり，記憶力や言語能力，視覚認知能力の低下が認められるようになった（Maurer and Prvulovic, 2004）．そのようななかでも彼は創作活動を続けた．しかし，線遠近法がうまく使えなくなるなど形態の空間的配置は崩れ，進行とともに色使いの変化がみられるようになった．とくに，色使いの変化についてはコントラスト感度の低下が理由として考えられる．アルツハイマー病の最終段階では，運動のコントロールと動機づけの喪失，認知機能の重度の低下，さらには前頭葉機能の低下によると思われる脱抑制などのために芸術表現が影響を受け，創作活動がほとんど行われなくなっていった．

　またフランクリンらは，認知症の女性画家の症例を報告している（Franklin

et al., 1992；Zaidel, 2005). 彼女は 77 歳のときに診察を受け大脳皮質全体の萎縮が明らかとなり, とくに左外側面の萎縮が顕著で脳血管障害による非進行性の血管性萎縮と思われた. 物の名前が出てこない失名辞（anomia）と理解に関する重度の障害が明らかになったが, 発話は流暢であった. 単純な図形の模写だけでなく, 彼女の画家としての経験がうかがえるように陰影を描く実物の写生も可能であった. しかし, モデルを提示することなく, 特定の物品（たとえば, 椅子）について名前を手がかりにして描くように指示されてもうまく描くことはできず, 輪郭だけを描くだけで立体感のないものとなった. ただし画家としてはモデルを目の前にして絵を描くことで, 彼女は職業画家として活動を続けることはできたわけである. 画家の芸術的能力は, 長い年月をかけた訓練の結果として獲得されたものである. 認知や思考, 表現のための身体運動など, それぞれにかかわる脳の領域が複雑かつ強く結びつきながら, 芸術表現は生み出されていく. ザイデルは, 彼らの芸術的な能力は, 脳のさまざまな領域を含む広範なネットワークが関与するかたちで, 脳内に多重に表象されていることを示す格好の例とみることができると述べている（Zaidel, 2005）.

　アルツハイマー病のうち, 前頭葉と側頭葉前方部に病変が主立ったものは, 前頭側頭型認知症（frontotemporal dementia：FTD）とよぶことがある. メルらが報告した FTD の画家の症例では, 50 歳頃からその兆候がみえ始め, 57 歳の時点で左右両半球の前頭葉に中度の萎縮がみえ, 左半球の萎縮の方が顕著になっていた（Mell et al., 2003）. そのためか, 言葉を発するのが困難で, また言語理解も単純な命令程度のものに低下し, 社会的適応力も低下していた. それでも創作活動は活発で, 芸術表現の意図はあったが, 症状の進行とともに写実性の低下や形の歪みがみられるなど, 表現にも変化がみられるようになっていった. また, イギリスの著名な小説家で挿絵画家として知られているマーヴィン・ピーク（Mervyn Peake）は, 40 歳を超えた頃からパーキンソン病の兆候と進行性の認知障害を呈するようになり, 手足や姿勢のコントロールが難しくなっていった（Sahlas, 2003）. 彼の病気はその後レビー小体型認知症と診断された. レビー小体型認知症とは, α シヌクレインとよばれる異常なタンパク質でできた円形状の構造物であるレビー小体というものが脳に蓄積することで発症する（パーキンソン病は脳幹部に蓄積するが, レビー小体型認知症では大脳皮質に広く蓄積がおよぶ）. 身体を動かしたり姿勢のコントロールが困難になったり, さらに認知障害

が進行するパーキンソン病の症状に加え，幻視やうつ症状，妄想などが繰り返し生じることが特徴である．ピークはそのような症状にもかかわらず，しばらくは短い時間であれば集中して絵を描くことができたが，症状の進行とともに絵には妄想状態に経験したものが反映され，しだいに表現したものが崩れてしまうようになった．

そのほか，前頭側頭型認知症の一種である神経細胞中間径フィラメント封入体病（neuronal intermediate filament inclusion disease：NIFID）を患った画家の女性についての報告もある（Budrys et al., 2007）．彼女の症状は38歳頃から現れ，専門医が診療した40歳のときには脳の萎縮はそれほどみられなかったが，その数年後には大きい範囲へと広がってしまった．その影響は意欲や感情，記憶，言語に広がり，さらには抽象的な認知の欠如や空間や時間の不見当識もみられるようになった．病前の彼女は抽象表現に基づく描画を行っていたが，それが病後，彼女の攻撃性や不安を反映した具体的で象徴的な表現へ変化していった．特筆すべきは，モチーフの変化（抽象的内容から具体的内容への変化）は彼女の抽象的思考の欠如と関連しているであろうし，また色使いの変化（ソフトで上品な青・緑系の短い波長の色使いから，赤・黄系の長い波長の色使いへの変化）はアルツハイマー病においてもみられる病変によるコントラストの低下と関連している可能性がある．

アルツハイマー病ではないが，アルコール依存が続くことでアルコール性認知症（alcoholic dementia）に至ることもある．長年にわたる大量の飲酒が認知症と関連しており，軽い物忘れ程度の経度認知障害から重度の認知症までさまざまなレベルでの認知障害が合併する（松下ら，2010）．中世からフランス革命くらいまでの歴史的題材を描いた画家レオ・シュヌッグ（Leo Schnug）は，第一次世界大戦が勃発したときにドイツ軍に軍曹として入隊したが，彼は度重なる飲酒により何度も処分を受けるほどであった．その後戦争は終わり，彼はリハビリのために精神科の病院に入院した．しかし，父親が亡くなると彼はきわめて不安定な状態になった．さらにいくつかの病院への入退院を繰り返すこととなった．認知症の中核障害でもある（時間や方向感覚が失われる）見当識障害をともなう小脳性運動失調症を患い，さらには被害妄想による幻覚や幻聴に悩まされた．絵画表現においても，病変にともなう身体の震えから絵筆さばきはうまくコントロールできなくなり，短いストロークを繰り返すことでそれを乗り越えようとしたが，

正確さを欠くものであった。また描くテーマにしても歴史的な題材から，死や恐怖体験，グロテスクなものへと変わっていった（Sellal, 2011）。シュヌッグの病変からもたらされる幻覚体験などの神経症状や死への恐怖が，このような題材の変化をもたらした可能性もある。

c. 大脳基底核変性症と芸術表現

本の挿絵や肖像画を描いていた画家の例では，68歳のときに突如としてさまざまな認知や行動に障害，そして情動の変化が生じることとなった（Kleiner-Fisman et al., 2003）。その背景には，パーキンソン病に非常によく似た進行性神経変性である大脳皮質基底核変性症（corticobasal degeneration）が原因であり，脳全体が萎縮し，とくに脳幹を含む右半球の萎縮と左前頭領域の萎縮も生じていたようである。状況に合わない行動が目立ち，熟知した環境で道順がわからなくなったり自分の持ち物をどこに置いたかを忘れ，衣服を着るのが困難になり，そして情動の爆発を起こすようになった。その後数年の間に症状はより深刻になり，知能の低下や半側空間無視，左下肢の麻痺，左半身の反射異常も生じるようになった。発症以降しばらくは，彼の描画能力は低下することはなかったが，やがて顔の表現において歪みや誤りが生じたり，絵の一部が必要以上に大きく描かれたり色の使い方が変化したり，さらには細部の表現ができなくなっていった。自分自身で，自分が描いた絵が不完全であることに気づいていてもそれを修正することができなかった。

3.5 脳機能障害によって現れた芸術家の感覚障害

脳の仕組みと芸術の表現の様式や特徴との結びつきを示した研究は，脳機能画像研究であったというよりも脳機能障害の研究であった。脳の働きと美的感覚や表現との結びつきを示す手がかりが，画家でなおかつ事故などで脳損傷を負った症例において示されている。脳出血や脳の疾患は脳を部分的に損傷させ，認知や運動などのさまざまな側面に影響を及ぼす。絵を描くことには，認知と運動の両方が重要であり，脳の障害は画家にとって致命傷となるはずだが，認知症が重度に進行するなどを別とすれば，実際には脳に損傷を負っても彼らは描くことを止めることはなかった。むしろ新しい表現さえみせた画家たちも少なからずいた。

たとえば，オリヴァー・サックス（Oliver Sacks）が『火星の人類学者』に紹

介した色覚障害の画家ジョナサン・Ⅰは，自動車運転中の交通事故で脳出血を起こし，色覚異常，つまり色を区別することができなくなった（Sacks, 1995）．色覚異常は，網膜の色波長に感度をもつ錐体細胞の異常が原因となるだけでなく，舌状回や紡錘状回などの後頭葉脳底部に脳出血などで脳皮質が損傷を負った場合にも起こりうる（Meadows, 1974）．ジョナサン・Ⅰの場合，脳の後頭葉の視覚皮質にある第四次視覚野（V4）やその関連部位にある色彩を構築する中枢が損傷されたことで皮質性色覚異常となった．事故前には，彼は色彩豊かな抽象画を描いていたが（『火星の人類学者』に病前と病後に描かれた絵画が掲載されている），事故後しばらくは記憶を頼りに色のついた絵画を描いており，さらにしばらくすると記憶からも色が消え去り，葛藤と実験の末に彼の認識する世界と同じ白と黒だけの表現へと変化していった．

　上述のような脳血管障害による色の表現の変化は，左右両半球の後部に脳血管障害を起こした芸術学の教授，症例 KG においても当てはまる（Beauchamp et al., 2000）．MRI による脳構造画像によって後頭葉と側頭葉の脳底部（腹内側部）に広がる病巣は，舌状回や紡錘状回を含んでいたことが明らかになったが，左半球の色処理に必要な領域が一部損傷から逃れたために，完全な色覚障害を引き起こすほどではなく，色の弁別はできた．このことが明らかにするのは，左右両視野の色情報が左半球の色関連領域によって色知覚を可能にしている点であり，このことについて，色彩の専門家であった患者が一般の場合よりも機能的にも解剖学的にも異なる形で組織化された可能性も指摘されている（Zaidel, 2005）．

　脳血管障害や脳の萎縮によってもたらされる中枢神経系の脳機能障害だけでなく，眼球の網膜のような末梢神経の不全による感覚障害，さらには斜視等の視覚障害も，美的感覚や芸術表現に及ぼす影響についてさまざまな症例が報告されている．たとえば，著名な風景画家として知られるジョン・コンスタンブル（John Constable）や，褐色がかった表現で知られる象徴主義の画家ウジェーヌ・カリエール（Eugène Carrière）は赤緑色覚異常であり，そのことが彼らの独特の色表現につながった可能性も指摘されている（Lanthony, 2001）．

　また，レンブラント・ファン・レイン（Rembrandt van Rijn）は外斜視がひどく両眼立体視ができなかったという報告があり，そのことによって単眼奥行き手がかり（たとえば陰影や線遠近法など）をうまく絵画の中に表現することができたと指摘する研究がある（Livingstone and Conway, 2004；Marmor et al.,

2005). ただし，レンブラントの描いた自画像を解析し，実際に人を肖像画と同じ視線の位置で再現させた研究では，彼に斜視はみられなかったという反論もある（Mondero et al., 2013). 詳細については，Marmor and Ravin（2009）を参考にされたい.

おわりに

　本章では，脳血管障害などによって生じた脳機能障害が引き起こす芸術感性や芸術表現の変化について論じた. 脳機能障害研究では，脳のどの領域が損傷するか，そしてその領域がどのような機能を含む神経ネットワークの一部となっているのかによって，症状が異なってくる. また，その症例が負った損傷部位の位置や大きさ，さらにその症状は各々の症例においてユニークなものであり，一つとして同じ障害であることはない. そのため，量的研究や再現性を目指した研究を追究することは難しい. また, 本章で紹介した多くが症例研究によるものであり，脳機能画像研究や，認知心理学的研究と併せて総合的に検討しなければ，芸術表現に関する脳機能の全体を明らかにすることはできない. また，本章では，精神疾患がどのように芸術感性や芸術表現とかかわりがあるのかについて含めることができなかった. うつ病や統合失調症などの精神疾患も脳の複雑な働きが背景となっている. 精神疾患が創造性や芸術表現と関連していることも，多くの症例研究や芸術家個人をめぐる文献資料のなかでたびたび指摘されてきたことである. その治療によって創造性が低下するがゆえに治療を中断することも報告されている（Schou, 1979). そのような精神疾患をめぐる研究も含めて，統合的に芸術感性や表現と脳の働きとを議論する必要があり，現代ではようやくその時代を迎えているともいえる.

[川畑秀明]

文　　献

Aharon I, Etcoff N, Ariely D, Chabris CF, O'Connor E, Breiter HC : Beautiful faces have variable reward value : fMRI and behavioral evidence. *Neuron* **32**(3), 537-551, 2001.

Alajouanine T : Aphasia and artistic realization. *Brain* **71**, 229-241, 1948.

Annoni JM, Devuyst G, Carota A, Bruggimann L, Bogousslavsky J : Changes in artistic style after minor posterior stroke. *J Neurol Neurosurg Psychiatry* **76**, 797-803, 2005.

Aziz-Zadeh L, Liew SL, Dandekar F : Exploring the neural correlates of visual creativity. *Social cognitive and affective neuroscience* **8**(4), 475-480, 2013.

Bauer RM : Visual hypoemotionality as a symptom of visual-limbic disconnection in man.

Arch Neurol **39**, 702-708, 1982.

Bäzner H, Hennerici M : Stroke in painters. *International Review of Neurobiology* **74**, 165-191, 2006.

Bäzner H, Hennerici MG : Painting after right-hemisphere stroke : Case studies of professional artists. In Neurological Disorders in Famous Artists, Part 2 (Bogousslavsky J, Hennerici MG Eds), Basel : Karger, vol 22, pp 1-13, 2007.

Beauchamp MS, Haxby JV, Rosen AC, DeYoe EA : A functional MRI case study of acquired cerebral dyschromatopsia. *Neuropsychologia* **38**(8), 1170-1179, 2000.

Bhattacharya J, Petsche H : Shadows of artistry : cortical synchrony during perception and imagery of visual art. *Brain Research Cognitive Brain Research* **13**, 179-186, 2002.

Blanke O, Ortigue S, Landis T : Colour neglect in an artist. *Lancet* **361**, 264, 2003.

Blumer D, Wakhlu S, Davies K, Hermann B : Psychiatric outcome of temporal lobectomy for epilepsy : incidence and treatment of psychiatric complications. *Epilepsia* **39**, 478-486, 1998.

Bogousslavsky J : Artistic creativity, style and brain disorders. *European Neurology* **54**(2), 103-111, 2005.

Boller F : Alajouanine's painter : Paul-Elie Gernez. In Neurological Disorders in Famous Artists (Bogousslavsky J, Boller F Eds), Basel : Karger, pp 92-100, 2005.

Boutoleau-Bretonnière C, Bretonnière C, Evrard C, Rocher L, Mazzietti A, Koenig O, ... , Thomas-Antérion C : Ugly aesthetic perception associated with emotional changes in experience of art by behavioural variant of frontotemporal dementia patients. *Neuropsychologia* **89**, 96-104, 2016.

Braak H, Braak E : Neuropathological stageing of Alzheimer-related changes. *Acta Neuropathol* (Berl) **82**, 239-259, 1991.

Budrys V, Skullerud K, Petroska D, Lengveniene J, Kaubrys G : Dementia and art : neuronal intermediate filament inclusion disease and dissolution of artistic creativity. *European Neurology* **57**(3), 137-144, 2007.

Butts B : Drawings, watercolours, prints. In Lovis Corinth (Schuster P-K, Vitali C, Butts B Eds), Munich : Prestel-Verlag, pp 324-378, 1996.

Cantagallo A, Della Sala S : Preserved insight in an artist with extrapersonal spatial neglect. *Cortex* **34**, 163-189, 1998.

Chatterjee A, Hamilton RH, Amorapanth PX : Art produced by a patient with Parkinson's disease. *Behavioral Neurology* **17**, 105-108, 2006.

Critchley M : The Parietal Lobes. New York : Hafner, 1953.

Crutch SJ, Isaacs R, Rossor MN : Some workmen can blame their tools : artistic change in an individual with Alzheimer's disease. *Lancet* **357**, 2129-2133, 2001.

Espinel C : DeKooning's late colours and forms, dementia, creativity, and the healing power of art. *Lancet* **347**, 1096-1098, 1996.

Fornazzari LR : Preserved painting creativity in an artist with Alzheimer's disease. *Eur J Neurol* **12**, 419-424, 2005.

Franklin S, Sommers PV, Howard D : Drawing without meaning? Dissociations in the graphic performance of an agnosic artist. In Mental Lives : Case Studies in Cognition (Campbell R Ed), Oxford : Blackwell, pp 179-198, 1992.

ffytche DH, Blom JD, Catani M : Disorders of visual perception. *J Neurol Neurosurg Psychiatry*

81, 1280-1287, 2010.

Geroldi C, Metitieri T, Binetti G, Zanetti O, Trabucchi M, Frisoni GB：Pop music and frontotemporal dementia. *Neurology* **55**, 1935-1936, 2000.

Griffiths TD, Warren JD, Dean JL, Howard D："When the feeling's gone"：a selective loss of musical emotion. *Journal of Neurology Neurosurgery and Psychiatry* **75**, 344-345, 2004.

Habib M：Visual hypo-emotionality and prosopagnosia associated with right temporal lobe isolation. *Neuropsychologia* **24**, 577-582, 1986.

Halligan PW and Marshall JC：The art of visual neglect. *Lancet* **350**, 139-140, 1997.

Heilman KM, Nadeau SE, Beversdorf DO：Creative innovation：Possible brain mechanisms. *Neurocase* **9**, 369-379, 2003.

Ishizu T, Zeki S：Toward a brain-based theory of beauty. *PLoS One* **6**(7), e21852, 2011.

Jung R：Neuropsychologie und Neurophysiologie des Kontur- und Formsehens in Zeichnerei und Malerei. In Psychopathologie Musischer Gestaltungen (Wieck HH Ed), Stuttgart：FK Schattauer, pp 27-88, 1974.

Kaczmarek BJ：Aphasia in an artist：a disorder of symbolic processing. *Aphasiology* **4**, 361-371, 1991.

Kawabata H, Zeki S：Neural correlates of beauty. *Journal of Neurophysiology* **91**(4), 1699-1705, 2004.

河内十郎：感性と知性の関係：脳損傷事例から考える．感性の科学：感性情報処理へのアプローチ（辻　三郎編），サイエンス社，pp 47-51, 1997.

Keane J, Calder AJ, Hodges JR, Young AW：Face and emotion processing in frontal variant frontotemporal dementia. *Neuropsychologia* **40**, 655-665, 2002.

Kennedy F, Wolf A：The relationship of intellect to speech defect in aphasic patients. *Journal of Nervous and Mental Disease* **84**, 125-145, 293-311, 1936.

Kleiner-Fisman G, Black SE, Lang AE：Neurodegenerative disease and the evolution of art：The effects of presumed corticobasal degeneration in a professional artist. *Movement Disorders* **18**, 294-302, 2003.

Kornyey E：Aphasie et realistion artistique. *Encephale* **3**, 71-85, 1977.

Kowatari Y, Lee SH, Yamamura H, et al：Neural networks involved in artistic creativity. *Human Brain Mapping* **30**, 1678-1690, 2009.

Kulisevsky J, Pagonabarraga J, Martinez-Corral M：Changes in artistic style and behaviour in Parkinson's disease：dopamine and creativity. *Journal of neurology* **256**(5), 816-819, 2009.

Lakke JP：Art and Parkinson's disease. *Advances in Neurology* **80**, 471-479, 1999.

Lanthony P：Daltonism in painting. *Color Res* **26**, S12-S16, 2001.

Lavenu I, Pasquier F, Lebert F, Petit H, Van der Linden M：Perception of emotion in frontotemporal dementia and Alzheimer disease. *Alzheimer Dis Assoc Disord* **13**, 96-101, 1999.

Lawrence AD, Evans AH, Lees AJ：Compulsive use of dopamine replacement therapy in Parkinson's disease：reward systems gone awry? *Lancet Neurol* **2**, 595-604, 2003.

Lhommée E, Batir A, Quesada J-L, Ardouin C, Fraix V, Seigneuret E, Chabardès S, Benabid A, Pollak P, Krack P：Dopamine and the biology of creativity：lessons from Parkinson's disease. *Frontiers in Neurology* **5**, 55, 2014.

Lipson S, Sachs O, Devinsky O：Selective emotional detachment from family after right temporal lobectomy. *Epilepsy & Behavior* **4**, 340-342, 2003.

Livingstone MS, Conway BR：Was Rembrandt stereoblind? *New England Journal of Medicine* **351**, 1264-1265, 2004.

Lythgoe MF, Pollak TA, Kalmus M, de Haan M, Chong, WK：Obsessive, prolific artistic output following subarachnoid hemorrhage. *Neurology* **64**, 397-398, 2005.

Lopera F, Ardila A：Prosopamnesia and visuolimbic disconnection syndrome：A case study. *Neuropsychology* **6**, 3-12, 1992.

Marmor MF, Ravin J：The Artist's Eyes. Harry N Abrams, 2009.

Marmor MF, Shaikh S, Livingstone MS, Conway BR：Was Rembrandt stereoblind? *New English Journal of Medicine* **352** 631-632, 2005.

松下幸生・松井敏史・樋口　進：アルコール依存症に併存する認知症．精神経誌 **112**, 774-779, 2010.

Marianetti M, Mina C, Marchione P, Giacomini P：A case of visual hypoemotionality induced by interferon alpha-2b therapy in a patient with chronic myeloid leukemia. *The Journal of neuropsychiatry and clinical neurosciences* **23**(3), E34-E35, 2011.

Marsh GG, Philwin B：Unilateral neglect and constructional apraxia in a right-handed artist with a left posterior lesion. *Cortex* **23**(1), 149-155, 1987.

Maurer K, Prvulovic D：Paintings of an artist with Alzheimer's disease：Visuoconstructural deficits during dementia. *Journal of Neural Transmission* **111**, 235-245, 2004.

Mazzoni M, Moretti P, Pardossi L, Vista M, Muratorio A：A case of music imperception. *Journal of Neurology, Neurosurgery and Psychiatry* **56**, 322-324, 1993.

Mazzucchi A, Pesci G, Trento D：Cervello e pittura：Effetti delle lesioni cerebrali sul linguaggio pittorico. Roma：Fratelli Palombi, 1994.

Meadows JC：Disturbed perception of colors associated with localised cerebral lesions. *Brain* **97**, 615-632, 1974.

Mell CJ, Howard SM, Miller BL：Art and the brain：The influence or frontotemporal dementia on an accomplished artist. *Neurology* **60**, 1707-1710, 2003.

Mendola JD, Cronin-Golomb A, Corkin S, Growdon JH：Prevalence of visual deficits in Alzheimer disease. *Optom Vis Sci* **72**, 155-167, 1995.

Miller BL, Boone K, Cummings JL, Read SL, Mishkin F：Functional correlates of musical and visual ability in frontotemporal dementia. *Br J Psychiatry* **176**, 458-463, 2000.

Mondero NE, Crotty RJ, West RW：Was Rembrandt strabismic? *Optometry & Vision Science* **90**(9), 970-979, 2013.

Nutt AE：Shadows Bright as Glass：The Remarkable Story of One Man's Journey from Brain Trauma to Artistic Triumph. Simon and Schuster, 2011.

Pachalska M：Imagination lost and found in an aphasic artist：A case study. *Acta Neuropsychologica* **1**(1), 56-86, 2003.

Pachalska M, Grochmal-Bach B, Wilk M, Buliński L：Rehabilitation of an artist after right-hemisphere stroke. *Med Sci Monit* **14**(10), 110-124, 2008.

Pese C, Ramas-Oldenburg K：Ernst Oldenburg 1914-1992. Edition Braus, Wachter Verlag, 2004.

Piercy M, Hécaen H, Ajuriaguerra J：Constructional apraxia associated with unilateral cerebral lesions：left and right sided cases compared. *Brain* **83**, 225-242, 1960.

Rizzo M, Anderson SW, Dawson J, Nawrot M：Vision and cognition in Alzheimer's disease.

Neuropsychologia **38**, 1157-1169, 2000.

Sacks OW：An Anthropologist on Mars：Seven Paradoxical Tales. New York：Knopf, 1995.（オリヴァー・サックス，吉田利子訳：火星の人類学者―脳神経科医と7人の奇妙な患者．早川書房，1997）

Sahlas DJ：Dementia with Lewy bodies and the neurobehavioral decline of Mervyn Peake. *Archives of Neurology* **60**, 889-892, 2003.

Schou M：Artistic productivity and lithium prophylaxis in manic-depressive illness. *Br J Psychiatry* **135**, 97-103, 1979.

Schrag A, Trimble M：Poetic talent unmasked by treatment of Parkinson's disease. *Mov Disord* **16**, 1175-1176, 2001.

Schnider A, Regard M, Benson DF, Landis T：Effects of a right-hemisphere stroke on an artist's performance. *Neuropsychiatry Neuropsychology Behavioral Neurology* **6**, 249-255, 1993.

Seeley WW：Anterior insula degeneration in frontotemporal dementia. *Brain Struct Funct* **214**, 465-475, 2010.

Sellal F：Leo Schnug：alcoholic dementia as an unexpected source of inspiration for an artist. *Eur Neurol* **66**(4), 190-194, 2011.

Sellal F, Kahane P, Andriantseheno M, Vercueil L, Pellat J, Hirsch E：Dramatic changes in artistic preference after left temporal lobectomy. *Epilepsy & Behavior* **4**(4), 449-450, 2003.

Sergent J, Zuck E, Terriah S, MacDonald B：Distributed neural network underlying musical sight-reading and keyboard performance. *Science* **257**, 106-109, 1992.

Solso RL：Brain activities in a skilled versus a novice artist：an fMRI study. *Leonardo* **34**, 31-34, 2001.

Takeuchi H, Taki Y, Hashizume H, Sassa Y, Nagase T, Nouchi R, Kawashima R：The association between resting functional connectivity and creativity. *Cerebral Cortex* **22**(12), 2921-2929, 2012.

Walker RH, Warwick R, Cercy SP：Augmentation of artistic productivity in Parkinson's disease. *Mov Disord* **21**, 285-286, 2006.

Winner E, von Karolyi C：Artistry and aphasia. In Acquired Aphasia (Sarno MT Ed), New York：Academic Press, pp 375-411, 1998.

Wise RA：Forebrain substrates of reward and motivation. *J Comp Neurol* **493**, 115-121, 2005.

Zaidel DW：Neuropsychology of Art：Neurological, Cognitive and Evolutionary Perspectives. Psychology Press, 2005.（ダーリア・W・ザイデル：芸術的才能と脳の不思議―神経心理学からの考察．医学書院，2010）

Zaimov K, Kitov D, Kolev N：Aphasie chez un peintre. *Encephale* **58**, 377-417, 1969.

音楽を聴く脳・生み出す脳：
症例から探る音楽の認知と鑑賞のメカニズム

　緩徐に進行する記譜の障害と楽器演奏を含む失行を呈し，治療のために受けた手術が原因で命を落とした印象派最大の作曲家モーリス・ラベル（Maurice Ravel），脳梗塞により重度の感覚性失語を患ったにもかかわらず以後 10 年，ショスタコーヴィッチをもうならせる名作を世に出し続けた旧ソ連の作曲家ヴィッサリオン・シェバーリン（Vissarion Shebalin）など，音楽能力と脳との関係はこれまで主としてプロフェッショナルな音楽家を対象に研究されてきた．彼らは，発症前の音楽能力が楽譜や録音という客観的な形で残っているため障害の有無・程度が明確にできる一方，最高レベルの音楽能力を有する脳を一般人のそれと同一視してよいのかという問題がつねについてまわった．この十数年，画像解析法の発展や心理検査技術の洗練により，専門的な音楽訓練を受けたことのない素人に生じた音楽能力の障害とその神経基盤を詳細に評価できるようになった．その範囲は，音楽認知の脳内機構にとどまらず，家族歴を背景とする先天性の音楽能力の障害，さらには音楽鑑賞における感動のメカニズムにまで及ぶ．これらは音楽認知研究の守備範囲を飛躍的に拡大させた一方，病態に対して医学以外の研究者が設定した組み入れ基準の医学的妥当性など，新たな問題をも生じさせている．

　本章では，筆者が経験した音楽能力の障害を呈した症例の既報告を紹介し，音楽の受容と表出，音楽的情動の脳内過程について解説する．なお，本章の内容は，本章の執筆から遡ること数年間に刊行された拙文「音楽する脳—音楽の脳科学」（佐藤，2012）ならびに先行論文（Satoh, 2014）と相補関係にあり，これら三者により現時点での音楽認知研究を全般的に俯瞰できる．

4.1　失音楽症の定義と分類

　失音楽症（amusia）とは，"脳の後天的な疾患によって生じた音楽能力の障害

もしくは喪失"（Benton, 1977；Henson, 1977；佐藤, 2008）あるいは"脳の器質的障害によって二次的に生じた音楽の知覚・演奏・読譜・記譜の後天的障害"（Marin, 1983, Alossa, 2009）と定義される．'a' という接頭語は「障害」や「〜のない」という意味で，失語症（aphasia）や失読症（alexia）での 'a' と同義である．したがって amusia の語源には，その症候が後天的に生じたものであるということが含まれている．それに対し先天性の障害に対しては，'dys' という接頭語が主として北米で用いられる．たとえば，alexia が脳血管障害などにより成人に生じた読字障害を指すのに対し，dyslexia は先天的な発達障害としての読字や書字の障害を表す（Loring, 1999）．しかし近年，失音楽症（amusia）という用語はかなり曖昧な意味に用いられており，単に「音楽能力の障害」という意味でしかない場合もある（Pearce, 2005）．その背景となっているのは，心理学系の研究者による用語の拡大解釈で，例として先天性失音楽（congenital amusia）という用語があげられる（Peretz, 2002；Ayotte, 2002）．先天性失音楽という概念の適否は後に述べるとして，用語として不適切であることは発表当初から指摘されている（中田, 2003）．症候の解釈，脳内機序の検討に際しては，後天的障害と先天的障害とを同一に扱うことはできない．先天性失音楽であるにもかかわらず，タイトルやキーワードに「先天性」の文字がなく単に「失音楽」としか記載されていない論文もあり，注意を要する．

　神経心理学あるいは認知神経科学は，1861 年のブローカ（Paul Broca）による失語症例の報告に源を発する．その数年後には，脳損傷が音楽能力の障害を生じることが報告された．行為や視覚認知について報告されるようになるのはさらに数十年後であり，認知神経科学は歴史上，言語と音楽への興味から始まったといっても過言ではない．また，言語と音楽はよく似た特徴をもつ．両者とも，口頭での表出（発話と歌唱）と聴覚を通しての受容（話し言葉の理解と鑑賞）と，記号を解しての表出（書字と記譜）と受容（読みと読譜）を有する．さらに，両者の共通原理として統語（syntax）があげられる（Patel, 2003）．統語とは，個別の要素をまとまりへと関係づけていく際にはたらく原理のことで，言語では文法，音楽では和声進行がそれにあたる．これらの歴史，性質，特徴の関連性から，失音楽症の分類は失語症の古典分類に準じており，なかでも Benton（1977）による分類がよく用いられる（図 4.1）．失音楽症は，受容性失音楽（receptive amusia）と表出性失音楽（expressive amusia）に大別される．前者はさらに，

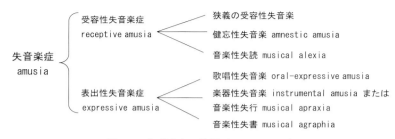

図 4.1 失音楽症の分類（Benton, 1977）

音楽の構成要素の知覚の障害である狭義の受容性失音楽，なじみの音楽の認知の障害である音楽性健忘（amnestic amusia），楽譜の読みの障害である音楽性失読（musical alexia）に分けられる．表出性失音楽の下位分類としては，歌唱の障害である歌唱性失音楽（oral-expressive amusia），楽器の演奏障害である楽器性失音楽（instrumental amusia）または音楽性失行（musical apraxia），そして楽譜を書くことの障害である音楽性失書（musical agraphia）がある．受容性失音楽症は，純粋語聾，環境音失認（狭義の聴覚失認）とともに（広義の）聴覚失認に含まれる．

上記は，音楽行為に基づいた分類である．それとは別に，音楽の構成要素や症候に着目した分類もある．音楽の三大構成要素としてメロディ，リズム，ハーモニーがあげられる．リズム認知だけが選択的にかつ modality の差異を超えて障害されたリズム失認（rhythm agnosia）（Mavlov, 1980）や，調性感の喪失により音楽の受容の障害をきたした調性失認（atonalia）（Peretz, 1993）の症例が報告されている．また，記憶からのメロディの想起（retrieval）の障害によりメロディの入れかわりが生じた錯メロディ（paramelodia）（Satoh, 2005），音楽の受容系と表出系との離断のため歌唱の自己調節ができなくなった伝導性失音楽（conduction amusia）（Satoh, 2007a）が筆者により報告されている．くわしくは成書を参照されたい（佐藤，2011, 2012）．

4.2 純粋失音楽症

脳の障害により，音楽能力だけが選択的に侵されたものを純粋失音楽症（pure amusia）という．これまでの失音楽症の報告のほとんどは，失語や失認，記憶障害など，ほかの認知機能の障害をともなっていた．それらの症例では，音楽能

表4.1 純粋失音楽症の

著者	発表年	雑誌	患者	音楽歴	診断	病変部位	CT/MRI
McFarland HR	1982	*Arch Neurol*	78歳,男性,右利き	アマチュアオルガン奏者	脳梗塞	右側頭葉上部〜縁上回	CT
武田浩一	1990	臨床神経	65歳,女性,右利き	三味線教師	脳出血	右上側頭回〜ヘシュル回の皮質下	CT/MRI
Peretz I	1994	*Brain*	CN:35歳,女性,右利き	なし(看護師)	脳梗塞(両側 MCA 動脈瘤クリッピング術後)	両側側頭葉前部,右島,右下側頭回の一部	CT
Piccirilli M	2000	*JNNP*	20歳,男性,右利き	アマチュアギタリスト(学生)	AVM からの出血	左上側頭回後部2/3	MRI
Satoh M	2005	*Cortex*	70歳,女性,右利き	なし(コーラス)	脳梗塞	両側側頭葉前部	MRI
Terao Y	2006	*Neuropsychologia*	62歳,女性,右利き	プロのタンゴ歌手	脳梗塞	右上側頭回〜ヘシュル回の一部,頭頂葉下部,中心後回後部,島後部	MRI
Barquero	2010	*J Neurol*	53歳,女性,右利き	音楽評論家,ピアニスト	前頭側頭型認知症	両側前頭葉・側頭葉の萎縮(左>右)	MRI
Hochman MS	2014	*J Stroke Cerebrovas Dis*	61歳,男性,右利き	なし(検眼士)	脳梗塞	右側頭頭頂葉〜島	MRI
Baird AD	2014	*Cortex*	JM:18歳,男性,右利き	ピアノとドラムのレッスン	乏突起神経膠腫	右側頭頭頂部,悪性腫瘍術後	MRI

MCA:中大脳動脈, AVM:動静脈奇形, WAIS-R:ウェクスラー成人知能検査改訂版, VIQ:言語性IQ,

過去の報告のまとめ

主訴	音楽関連の所見	失音楽症の下位分類	その他の所見	補記
オルガンの演奏障害.	歌唱やリズム再生は可能. オルガンでメロディやそのリズムパターンを弾けない. 楽器や音楽のタイプはわかる.	表出性（楽器性失音楽）	左手にごく軽度の立体失認.	病前から楽譜の読み書きはできない.
民謡がうまく歌えない.	民謡の認知は良好. シーショアテストで音列の記憶が軽度低下していたほかは正常. 歌唱はピッチが不正確, 伴奏が入ると改善.	表出性（歌唱性失音楽）	なし.	音楽的背景は邦楽であり, その他の西洋音楽を背景とする例と同様に考えてよいかは不明.
なじみの曲がわからず歌えない.	リズム認知は正常. なじみの曲の認知・メロディの輪郭とピッチ間隔・楽器の種類の認知の障害. 言語のプロソディの認知の障害.	受容性＋表出性	嗅覚障害. WAIS-R：VIQ 103, PIQ 94, TIQ 98, WMS 103.	CT 画像が不鮮明で論文の画像からの病変部位の同定が困難.
音楽的でなく音が全部同じに聞こえる. 歌は叫び声のように聞こえる.	なじみのメロディの認知の障害. ベントレーテストで音列の記憶の障害. リズムの認知と再生は正常. ギターの演奏障害（詳細不明）.	受容性＋表出性	知能・言語・記憶・構成・前頭葉機能に異常なし.	ギターの演奏障害の具体的内容についての記載がない.
知っている音楽がわからない. 歌が音痴に聞こえる.	なじみのメロディの認知と正誤判定の障害. シーショアテストで音列の記憶の障害, リズム弁別は正常. 和音の異同弁別の障害. 既知の曲の歌唱でのメロディの入れ替わり.	受容性＋表出性	トークンテスト 164/167. 環境音認知正常. 失語・失行・記憶障害なし.	既知の同様の歌唱時に途中でメロディがほかの曲に入れ替わる（錯メロディ, paramelodia）.
うまく歌えずプロ歌手としてやっていけない.	シーショアテストですべてで低下（とくに音色, 音量, ピッチ弁別）, 半音の違いもわからない. 歌唱ではピッチを維持できず上/下にずれていく.	受容性＋表出性	WAIS-R：VIQ 103, PIQ 98. 失語・失行・記憶障害なし.	とくになし.
しだいに演奏の質の評価ができなくなってきた.	ピアノは弾けるが自分の演奏の質がわからない. プロと初心者の演奏の優劣を判断できない. メロディ・ピッチ・メロディ内の間違い・リズム・拍子の認知は正常. 楽譜の読み書きは可能.	音楽の美的評価の障害	神経学的・神経心理学的検査は正常.	うつをともなうが, 著者はうつでは説明不可能と判断.
なじみの歌がうまく歌えない.	長年上手に歌ってきたクラシック・ロックの歌が, カーラジオに合わせて歌ったら調子外れになっていた.	表出性（歌唱性失音楽）	なし.	音楽能力や神経心理検査は詳しくは調べられていない.
音楽が歪んでごちゃごちゃに聴こえる.	MBEA でメロディ・リズムの障害. 拍子は正常. なじみの音楽の認知・悲しい/平和な音楽の同定の障害.	受容性	なし.	

PIQ：動作性 IQ, TIQ：総 IQ, WMS：ウェクスラー記憶検査

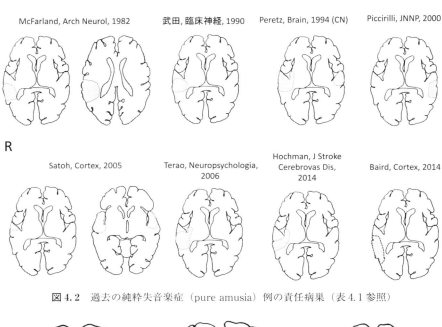

図 4.2　過去の純粋失音楽症（pure amusia）例の責任病巣（表 4.1 参照）

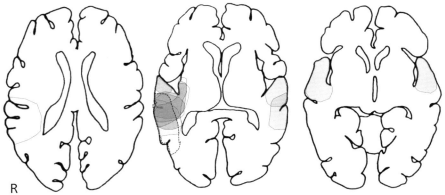

図 4.3　純粋失音楽症（pure amusia）の障害部位の重ね合わせ（図 4.2 に基づく）

力の障害にほかの認知機能の障害が影響している可能性があり，音楽の脳内機構をほかの認知機能から分けることができない．また，障害部位のどこまでが音楽能力に影響しているのか判然としない．このようなことから純粋失音楽症は，脳の責任病巣と侵された音楽能力との関係を最も明白に示している．いいかえると，純粋失音楽症を通してわれわれは，音楽の脳内過程を最もよく知ることがで

きる．英語で発表され，画像検査が行われている純粋失音楽症例の報告は，筆者が調べた限り9例のみである（表4.1）．そのうち，Barquero（2010）の例は，前頭側頭型認知症のために音楽評論家としての演奏の質的評価が不可能となった症例で，変性疾患であることから責任病巣の局在を示すことができず，症候も音楽の受容や表出の障害であるほかの8例と趣を異にする．同例以外の各症例の責任病巣を図4.2に，それらを重ね合わせたものを図4.3に示す．これを見ると，多くの症例が右側頭葉後部から島後部，側頭頭頂接合部の皮質・皮質下を含んでいることがわかる．音楽能力には言語能力のように明確な側性化はなく，両側の大脳半球が（ときには小脳まで含んで）関与するとされるが（Garcia-Casares, 2013），弱いながらも右半球の優位性が存在する可能性をこの結果は示唆している．

4.3 音楽能力に関連する症状を呈した症例

厳密には失音楽症に含まれないが，脳の器質的・機能的異常により音楽に関連した症状のみられることがある．それらは失音楽症例と同様，音楽の脳内メカニズムについての手がかりを与えてくれる．以下，自験例を紹介する．

a. 音楽家の脳梁離断例（Satoh, 2006）

脳梁とは，左右の大脳半球を相互に連絡する神経線維の束で，約2億5千万本の軸策からなる．脳梁の大部分は，大脳半球の左右対称の領域を結んでいる．脳梁は前方から吻部，膝部，脳梁幹，膨大部に分けられ，吻部と膝部は前頭葉，脳梁幹は運動皮質領域の前頭葉と頭頂葉，側頭葉，膝部は後頭葉の線維がおもに通る．通常，左右の大脳半球は情報を共有し一体となって活動する．たとえば，「右手で鉛筆を持ってください」という指示に従う場合，聴覚を通して脳に取り込まれた命令は左半球言語野で処理され，理解された命令が左運動野に送られ，右手が動く．「左手で鉛筆を持ってください」という指示に対しては，左半球言語野で処理された命令は，脳梁を通り右半球に運ばれ，右半球運動野から左手に運動の命令が送られる．しかし，脳梁が障害されると左右大脳半球間での情報伝達が困難となり，左半球の情報が右半球に伝わらなくなる．そのため，「右手で鉛筆を持ってください」という指示は問題なくできるのに，「左手で鉛筆を持ってください」に対しては課題を行えないか，間違った運動をする．それを，脳梁離断

症状あるいは離断症候群（disconnection syndrome）という．脳梁離断症状の評価により，左右大脳半球の機能を個別に調べることができる．

　左右大脳半球の音楽能力について，両耳分離聴検査（Dichotic Listening Test：DLT）で調べた報告がある．DLT とは，同時にそれぞれの耳に異なった情報を与え，正答率の違いから関与する大脳半球を同定する技法である．Kimura は DLT を用いた先駆的研究で，言語の受容には左半球，メロディの受容には右半球が関与するとした（Kimura, 1961, 1964）．その後の DLT の研究では，和音の弁別（Gordon, 1970），フレーズの弁別（Zatorre, 1979；Mazzucchi, 1981）も右半球優位と報告された．また，Bever and Chiarello（1974）は音楽家と素人でメロディの受容に関与する大脳半球の異なることを示した．つまり，メロディの受容を素人は右半球，音楽家は左半球で行っていた．同様の結果はほかのいくつかの研究でも報告されている（Johnson, 1977；Peretz, 1980；Hassler, 1990）．さらに Messerli（1995）は，この優位半球差には被験者の音楽能力だけでなく，音楽自体のもつ特徴すなわち歌詞の有無，曲の難易度なども関係しているとした．また，メロディの受容の右半球優位性に対し，リズムの受容は左半球優位性を述べた報告もある（Gates, 1977）．現在世界で広く流布している西洋音楽の楽譜は，五線譜上の音符の位置による音高の情報と，ト音記号や♯などの音楽記号が表す情報からなる．筆者は，脳梁梗塞をきたしたアマチュアバイオリニストを対象に楽譜の読みに関する検査を行い，各大脳半球のはたらきについて報告した．

　患者：69 歳，男性，右利き．アマチュアバイオリニスト．
　主訴：バイオリンが弾けなくなった．
　既往歴：高血圧，糖尿病．
　現病歴：X 年 11 月某日，右手で開けた引き出しを左手が勝手に閉めるなど，意にそわぬ左手の動きが出現．脳梁梗塞による拮抗失行と診断された．退院後，バイオリンが弾けなくなっていることに気づいた．バイオリンは 20 歳前後から弾いており，町の文化会館のこけら落としのコンサートでソロを務める腕前である．X＋4 年後に以下の検査を行った．
　音楽関連の訴え：押えるべき弦の場所，用いるべき左手の指がわかっているにもかかわらず，思いどおりに左手の指が動かない．思っている指と異なる指が，異なる場所を押えてしまう．右手の弓の運びは病前と変わらない．

身体所見：一般身体所見に異常なし．神経学的には意識清明で，数カ月に一度，左手に持っている物を離さないことが見られるほかは，運動，感覚，反射系，協調運動に明らかな異常は認められなかった．

神経心理学的所見：知能，記憶は正常．ミニメンタルステート検査（Mini-Mental State Examination：MMSE）28/30，レーヴン色彩マトリックス検査（Raven's Colored Progressive Materices：RCPM）27/36，リバーミード行動記憶検査（Rivermead Behavioural Memory Test：RBMT）は正常範囲内．脳梁離断症状の検査としてまず，DLTによる語音認知課題を行った．その結果，右耳に比し左耳で聞いた際の成績が不良であり（左耳の抑制），患者の言語優位半球は左側であることが確認されるとともに，左耳から右半球に入力された語音の情報が脳梁損傷のために左半球に移送されないことがわかった．視覚刺激の左右半球差を調べるには，タキストスコープが用いられた．タキストスコープでは，被験者の固視点から視角で3°離れたところに視覚刺激を70 ms提示した．このくらい短時間の刺激では，被験者は視線を刺激の方へ向ける時間的余裕がなく，右視野に提示された刺激は左半球，左視野に提示された刺激は右半球にそれぞれ入力される．したがって，視野別の正答率を調べることにより，その刺激の処理は左右いずれの大脳半球で主になされるのかを知ることができる．左右視野に平仮名を瞬間提示して読みの成績を比較したところ，左視野提示の方が右視野より有意に不良であった（左視野の失読）．つまり，左視野から右後頭葉に入力された平仮名が，脳梁の障害により左半球に到達できないことが示唆された．また，閉眼下で一方の手にペン先でふれ，同じ場所を反対側の手で示してもらう課題では，いずれの手への刺激でも反対側でふれられた場所を示すことができなかった．これも手に加えられた刺激が脳梁離断のために反対側の感覚野に届かないからと考えられた．バイバイや敬礼など検者が行った簡単な動作を見てまねてもらう課題では，右手では正確にまねることができたが，左手では異なる動作を行ったり拙劣になった．聴覚情報や体性感覚は脳梁幹，視覚情報は膨大部を通ることから，本例でもそれらの部位が障害されていることが示唆され，脳MRIの所見とも一致していた．

タキストスコープを用いて，音楽記号や音符の読みの課題を行った．ト音記号や八分音符（♪），ナチュラル（♮）など文字を用いない音楽記号を左右の視野に瞬間提示し呼称してもらったところ，左視野に提示した記号を読めなかった．次

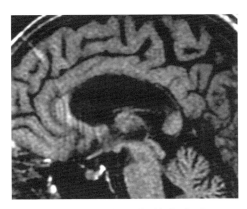

図 4.4　脳梁離断例の脳 MRI 画像（矢状断）（Satoh, 2006）

に，五線譜上に示した音符の位置を音名（ドレミ…）で答えてもらったところ，左右いずれの視野に提示しても成績は変わらず読むことができた．これらのことから，音楽記号の読みは左半球で行われるが，音符の位置の理解は左右両半球が同様に行っていると考えられた．

画像所見（図 4.4）：脳梁幹の全体と膨大部の前半分に及ぶ梗塞を認めた．

考察：視覚情報は脳梁膨大部を経て半球間でやりとりされる．本例では，左視野に提示された音楽記号を読むことができなかったが，五線譜上の音符の音名は左視野提示でも右視野と同様に答えることができた．このことから，音楽記号と楽譜上の音符の位置の情報は脳梁内の異なる部位を通過していることがわかった．本例では膨大部の前半部まで障害され，後半部は保たれていることから，音楽記号は脳梁膨大部の前半分，楽譜上の音符の位置の情報は後半部を通過していることが示唆された．また，本例のバイオリンの演奏障害は，左手の失行が原因と考えられた．

b.　音楽性幻覚（Satoh, 2007b）

幻覚（hallucination）とは，外部からの刺激なしに生じる知覚と定義される．幻覚には，幻視，幻聴，体感幻覚などがある．統合失調症に典型的な「させられ体験」型の幻聴，レビー小体型認知症の明瞭な幻視のほかに，盲や聾が原因で生じる幻覚がある．たとえば，脳卒中のため生じた視野欠損内に動物やヒトが見えることがある．外部からの刺激による脳への入力が途絶えたことによる解放現

象と考えられ，シャルル＝ボネ（Charles-Bonne）症候群とよばれる．同様の現象は生理的な老化によっても生じ，白内障による視力低下あるいは加齢性の難聴による聴力低下が原因で視覚・聴覚刺激が入らなくなり，何かの拍子に記憶に蓄えられていた視覚・聴覚イメージが解放されて起こる．音楽性幻覚（musical hallucination）は幻聴のひとつで，鳴っていないにもかかわらず音楽が聞こえるという現象である．音楽性幻覚は女性に多く，加齢や重度の聴力障害，神経疾患（てんかん，腫瘍，脳卒中，髄膜炎，神経梅毒），精神疾患（統合失調症，躁うつ病），毒性物質（アルコール），薬剤（抗うつ剤，サリチル酸，キニーネ，アスピリン）などが関係する（Evers, 2004）．音楽性幻覚は，音楽の受容にはたらく神経ネットワークが勝手に異常な活動を起こして生じると考えられている．音楽性幻覚の症例は，脳内で音楽がどのように認知され生み出されるかを知る手がかりを与えてくれる．筆者が経験した，難聴がなく明らかな脳病変をもたない本態性音楽性幻覚の症例を紹介する．

患者：75 歳，女性，右利き．20 歳から 40 歳まで三味線を習った．
主訴：頭のなかで音楽が鳴り続ける．
既往歴：28 歳結核，55 歳胃潰瘍，10 年前から腰痛・膝関節症にて近くの整形外科に通院中．
現病歴：Y 年 7 月，夫が脳梗塞のため病院に入院しており，毎日見舞いに行っていた．午後 5 時になると，病院の隣の町役場から「夕焼け小焼け」の音楽が時報として流れ（子どもが歌っている録音で，オーケストラによる伴奏つき），毎日病室で聞いていた．

Y 年 8 月某日夕方，自宅で家事をしていると突然，「夕焼け小焼け」が頭のなかで鳴り出した．自宅は役場から遠方にあり，また時刻も 5 時ではないため，実際に聞こえてきているのではないとすぐに自覚した．難聴やめまいはなかった．メロディはいつも役場から聞こえてくるものと同じであったが，伴奏はついていなかった．それ以降，「夕焼け小焼け」は，会話でしゃべっているときや歌番組をみているとき以外，起床直後から就寝するまで鳴り続けた．テレビの歌番組を見ているととまったが，ドラマやニュースなどは無効であった．本を朗読したり，歩いたり車に乗っても「夕焼け小焼け」は鳴り続けた．電話でしゃべっている間は止まり，受話器を置くとすぐに再び鳴り出した．周りが騒がしいと「夕焼け小

焼け」の音量も大きくなり，静かだと小さくなった．自分で歌を歌うと幻聴が止まることがわかったので別の曲を歌っていたところ，「夕焼け小焼け」にかわってその曲が頭のなかで流れ出した．いろいろな曲を試みた結果，「夕焼け小焼け」を含めたそれらの曲が，まるでエンドレステープのように順に流れてくるようになった（曲目は下記参照）．それらはすべて歌詞つきで，患者自身か有名歌手の声であった．お囃子が伴奏につき，曲が進むにつれて合いの手の間隔がしだいに短くなった．

2週間後に神経内科外来を受診，音楽性幻覚以外は明らかな神経学的異常所見はなく，聴力も年齢相応で，聴性脳幹反応(ABR)，脳波も正常であった．意識清明，見当識正常で知能低下も認められなかった．自発話は流暢，呼称・復唱・理解・読み・書字ともに正常で，失語はなかった．発症1カ月後では音楽性幻覚に変化はなく，一曲あたりの鳴る時間がしだいに短くなり，曲のサイクルが早くなった．

幻聴で聴こえたおもな曲：「夕焼け小焼け」，「木曽節」，「草津節」，「かごめかごめ」，「千鳥なぜ啼く」，「青い眼の人形」．

身体所見：一般身体所見・神経学的所見に異常を認めなかった．

神経心理学的所見：失語・失行・失認・記憶障害・知能低下なし．精神科を受診しうつは否定された．

画像所見：頭部 MRI，脳血流シンチグラフィともに明らかな異常なし．

経過：半年間にわたり，各種の抗てんかん剤，安定剤，抗うつ剤を試みたが，音楽性幻覚に変化はなかった．Y＋1年後頃から少しずつ改善がみられ，音楽の音量が小さくなり，短時間だが静寂を得られるようになった．Y＋2年後には，音楽性幻覚は1日の半分だけの出現にまで減少した．

考察：本例の特徴として以下があげられる．

①「夕焼け小焼け」は子どもの歌うメロディだけが聞こえた（伴奏は聞こえなかった）．

②「夕焼け小焼け」の歌声は，経過中に子どもから自分の声あるいは有名歌手の声にかわった．

③患者が歌った曲がどんどん，幻聴として聞こえるようになった（歌唱により幻聴のレパートリーが増加した）．唄い声は患者か有名歌手のものであった．

④伴奏はお囃子のみで，しだいに合いの手の間が短くなった．

⑤旋律は必ず歌詞つきで聞こえた．

このなかで最も注目すべきは③である．一般に既知の曲の歌唱の際には，長期記憶からの曲の想起（retrieval）→メロディ・イメージの生成→歌唱の運動プログラムの作成→歌唱運動という脳内過程が考えられる．一方，音楽聴取の際には，音の知覚→メロディ・イメージの生成→短期/長期記憶という機序がはたらいていると思われる．歌唱の際にはその歌声を自分で聞くことになるので，歌唱により音楽聴取さらには音楽イメージの生成にはたらく脳内ネットワークが活性化され，それらの曲についても音楽性幻覚を生じたと考えられた．しかし本例のように，聞きなれたオーケストラの伴奏ではなく，実際にはメロディの伴奏としては聞いたことのないお囃子が一緒に聞こえてくる現象は，上記の音楽聴取の脳内機序の自発活動だけでは説明できない．また，メロディの唄い手も当初は役場からの放送で聞いていた子どもの声であったが，しだいに自分や有名歌手の歌声に移行していった．これらのことからメロディと伴奏，音色は異なる脳内過程を有していることが示唆された．

c. 歌唱てんかん（Shindo, Satoh et al., 2011）

音楽では，音の名前を表すのに二通りの方法がある．音名（pitch name）と階名（syllable name）である．音名は各音につけられた固有の名前で，曲が属する調にかかわらずつねに同じ言葉で表される．本邦で"固定ド"といわれるものに相当する．階名は，調の主音をつねに"ド"とするもので，同じ音でも調が変わればよび方が変わり，"移動ド"とよばれる．階名での歌唱は訓練により獲得され，メロディを覚える手段として用いられる．いいかえると，ある人が階名でメロディを歌えたならば，その人はかつて階名でそのメロディを習ったか，階名での読み方自体を学習したことを意味する．階名での歌唱は，日本の義務教育の音楽の授業で教えられる項目に入っている．

てんかんは，神経細胞の異常な興奮である．発作時の典型的な症状は，いわゆるひきつけを起こし，手足をばたばたさせ，意識を失う，というものである．しかし稀に，意識を保ったまま歌唱を行うという発作がある．これを歌唱てんかん（singing seizure）とよぶ．歌唱てんかんの症状を観察することにより，歌唱の脳内機構について知ることができる．筆者は，楽譜が読めず，ふだんは階名では歌えないにもかかわらず，発作時には熟知したメロディを階名で歌うことができたてんかん症例を経験した．

患者：56 歳，女性，右利き．楽譜は読めず，義務教育での音楽の授業以外は，音楽レッスンを受けたことはない．

主訴：突然歌を歌い，その間のことを覚えていない．

現病歴：出生・発育は正常．17 歳のときに初めて，てんかん発作を生じた．20 歳代前半から歌唱てんかんがみられるようになった．薬物治療を受けるもコントロールは不良．Z 年 1 月に庭で作業中に歌唱てんかんを生じ転倒し顔を受傷，当院口腔外科に入院した．入院中に歌唱てんかんの発作を起こし，神経内科に紹介された．

歌唱てんかんの症状：突然歌いだす．立ったり座ったりしたままで，周囲からの問いかけに答えない．持続時間は数分で，手足のけいれんは見られない．発作後はしばらくぽんやりしている．発作時に歌う曲はつねに，患者が幼少期から信仰する宗教の聖歌である．患者の両親も夫も同じ宗教の熱心な信者で，患者は幼少期から毎日聖歌を唄っていた．聖歌は全 4 曲で伴奏はなく，単純なメロディからなっている．それらの聖歌に楽譜はなく，信者はみな口伝えで覚えた．発作時にはつねに，患者はそれらの聖歌を階名で歌った．しかし，ふだんは階名で歌うことはできない．

身体所見：一般身体所見に異常なし．発作時以外は，神経学的・神経心理学的所見に異常なし．

画像・生理検査所見：頭部 MRI は正常．脳血流シンチグラフィで右優位の両側側頭葉内側の血流低下を認めた．脳波では両側側頭葉にてんかん発作波であるスパイクがみられた．

考察：もともと楽譜がなく，階名での学習経験のない聖歌を，患者はてんかん発作のときにのみ階名で歌った．覚醒時には階名で歌うことができなかった．この機序として二つ考えられる．第一は，患者が以前それらの聖歌を階名で習ったことがあるが，そのこと自体を忘れてしまっていることである．バイリンガルの患者で，てんかん発作のときに第二言語を話す症例が報告されており（Navaro, 2009），本例も発作時にのみ脳内で眠っていた階名が想起されたのかもしれない．もう一つの可能性は，音楽聴取時に無意識にはたらく認知過程の存在である．患者は，義務教育の音楽の授業以外は，音楽訓練を受けたことはない．患者自身は学校で階名での楽譜の読み方を習った記憶はないが，読み方のスキームは脳内に残っていた可能性がある．つまり音楽を聞いたり歌ったりするとき，ある程度階

名での読みを学習した者においては，それらを自動的に階名に変換する脳内機構があるのかもしれない．患者も毎日の歌唱のうちに無意識に聖歌の各音を階名に変換して記憶し，それがてんかん発作時に顕在化したのかもしれない．

　楽譜自体はヒトの手による産物で，階名読みもヒトが考案したひとつのツールである．しかし，五線譜と“ドレミ…”による楽譜の読み方が世界の多くの地域で一般化した背景には，産業革命以降世界を牽引する西洋文明の影響だけでなく，五線譜と階名読みがヒトの認知過程によりフィットするものであったからかもしれない．つまり，ヒトの脳は音の連続からなるメロディを五線譜上の階名としてとらえるのに適した認知基盤を有しているのかもしれない．荒唐無稽と思われるかもしれないが，本例はそのようなことをわたしたちに示唆している．

d.　まとめ

　以上，脳梁梗塞のバイオリニスト，音楽性幻覚，歌唱てんかんの症例から示された事項は以下のとおりである：①音楽記号の読みは左半球が行う，②五線譜上の音符の位置の理解は左右両半球が同程度行うことができる，③音楽記号と音符の位置の情報は脳梁膨大部内での通過部位が異なる，④楽器演奏に関与する行為の中枢は一般的行為と同様に左半球にある，⑤メロディと伴奏，音色は異なる脳内過程を有する，⑥ヒトの脳内にはメロディを階名に変換する機構がある程度備わっているのかもしれない．これらすべてが真実かどうかは，さらに症例の積み重ねが必要である．

4.4　先天性失音楽とその問題点

　先天性失音楽（congenital amusia）は，2000 年代初めにカナダの音楽心理学のグループにより報告された（Peretz, 2002；Ayotte, 2002）．従来報告されてきた“音の聾（tone deafness）”，“音符聾（note deafness）”，“楽曲聾（tune deafness）”，“先天性メロディ障害（dysmelodia）”と同義で，人生の長きに渡り，メロディのピッチ変化の検出が困難であるという音楽能力の障害を表す（Peretz, 2007）．Ayotte（2002）による原著では，先天性失音楽の組み入れ基準として以下の四つがあげられている：①高い学歴，できれば大学レベル．これにより一般的な学習障害や発達遅滞を除外できる，②子どものころの音楽レッスン経験．これにより，しかるべきときに音楽にふれていたことになる，③記憶にある最も早

期からの音楽場面での失敗，④神経疾患や精神疾患の既往がない．先天性失音楽の患者は，なじみの曲を認知できず，ある曲をほかの曲と弁別できず，音楽が騒音に聞こえ，音楽とかかわるような社会的状況を避ける傾向がある（Stewart, 2008）．その後，このグループは音楽能力の障害を測定する独自の検査バッテリー（モントリオール失音楽評価バッテリー，Montreal Battery for the Evaluation of Amusia：MBEA）を開発した（Peretz, 2003a）．MBEA は，メロディの輪郭，ピッチの間隔，音階，リズム，拍子，記憶という六つの下位検査に分かれる．30個の新規のメロディについて，輪郭，ピッチ，音階，リズムのいずれかを変えたメロディを呈示し，被験者には変更された箇所を検出してもらう．拍子の検査では呈示されたメロディが二拍子か三拍子かを，兵隊の行進している絵とワルツを踊っている絵から選択する．記憶検査は検査に用いられたメロディの再認課題である．これらは音楽においてメロディの輪郭/ピッチ，拍子/リズムといった全体/局所処理（global/local processing）が存在するという，Peretz らが提唱する音楽の脳内認知モデルに基づいている（Peretz, 2003b）．上記の Ayotte（2002）による四つの組み入れ基準を満たす患者は，MBEA でも基準値に比し低得点を示す．MBEA で 2 SD（standard deviation，標準偏差）以上基準値よりも低下していた患者を先天性失音楽として，その血縁者の音楽能力をコントロール群と比較したところ，前者では 39% に同様の障害がみられたのに比し，後者では 3% のみであった（Peretz, 2007）．Peretz らはこの結果から，先天性失音楽には遺伝的要因が関与するとしている．

　先天的な読字障害（dyslexia）の存在することが知られている．知能が正常で，発達障害や神経精神疾患の既往がないにもかかわらず，学習しても読字だけが身につかない．従来は専門家にのみ知られていた先天性失読も，ここ 10 年余りで教育現場での理解が進みつつある．これらの例を鑑みると，メロディのピッチの受容という特定の能力だけが生まれながらに苦手な症例のあることは十分察せられ，実際"音符聾（note deafness）"の最初の症例は 100 数十年前に報告されている（Grant-Allen 1878）．

　その後，組み入れ基準と MBEA との関係が逆転した報告がみられるようになった．すなわち，本来は先天性失音楽の患者がいてその患者に MBEA を行うと成績が不良であったのを，MBEA がカットオフ値よりも低得点で発達障害や神経・精神疾患がなければ先天性失音楽と診断するようになった（Hyde, 2006；Peretz,

2007；McDonald, 2008；Tillmann, 2009）．これは一見同義に見えて，そうではない．逆は必ずしも真ならずである．どんな検査も多数の被験者に行えば結果はほぼ正規分布し，基準値から 2 SD 以上離れた者が必ず出てくる．それらのなかには本当に障害のある者もいるが，基準値から離れた者すべてが障害をもつわけではない．読字のように，通常の教育を受ければ最低限小学低学年レベルの能力が獲得できる認知機能については，読字課題を施行することにより先天的読字障害を識別できるかもしれない．しかし，音楽能力は個人差が大きく，日常生活や教育の場で言語ほどにふれる機会もない．したがって，音楽能力の試験で低得点＝音楽能力の先天的障害とみなすのは早計である．これは運動を例にとると容易に理解できる．100 メートル走，幅跳び，高跳び，ボール投げ，反復横跳びなど，多人数に行えば当然基準値と 2 SD を得ることができる．では，それらで 2 SD 以上離れた結果しか残せなかった者を "先天性運動障害" と診断することがはたして適切であろうか．答えは否である．彼らは，運動が苦手な者ではある．しかし，彼らのほとんどは一人一人がもつ能力のバリエーションを示しているにすぎない．もし，先天性失音楽で用いられた手法が妥当であるならば，先天性絵画障害，先天性工作障害，先天性裁縫障害など，あらゆる能力について "先天性○○障害"，"先天性失○○症" という診断が成立しうる．これは，実地臨床に携わる多くの医家の感覚とかけ離れている．上述の組み入れ基準の意味するところは，生まれながらに音楽が苦手で発達障害や病気が原因で生じたものではないということで，それ以上でもそれ以下でもない．運動が苦手な両親の子どもは，えてして運動が苦手である．そのようななかから，生まれながらに神経基盤の異常をもつひとつの疾患単位を主張するには，単に検査結果の基準値からの乖離だけでなく，成育史と実生活における際立った障害のエピソードが必要である．これらの点を勘案すると，現在用いられている先天性失音楽は非常に多様な状態を含み，"走るのが遅い人" というのと同じ意味での単に "音楽が苦手な人" といった者が対象に多く含まれていることに注意を要する．

　先天性失音楽の二番目の問題点は，当初から指摘されている命名についてである（中田，2003）．4.1 節「失音楽症の定義と分類」で述べたように，"amusia" の "a" は否定の意味を表し，医学用語では一般的に後天的な障害を指す．失語（aphasia），失認（agnosia），失行（apraxia）など枚挙に暇がない．"amusia" という用語も当然，後天的な脳損傷の結果としての音楽能力の障害という意味を包含する．し

たがって，"amusia" という語を先天性（congenital）という語とともに一つの用語とすることは，その組み合わせ自体が内的矛盾をはらんでいる．前述の失読における，先天性失読を表す "dyslexia" と，後天性の失読を表す "alexia" の例にならうならば，先天性失音楽は "dysmusia" と称するのが適切である．

　後天的な脳損傷による症状と，先天的な発達障害による症状とは，表面に現れる症状は同様であっても脳内機序を同一のものとして述べることはできない．前者はすでに一度完成した脳内ネットワークの破綻と再構成が対象となるのに対し，後者は神経ネットワークが構築されていく最中での異常である．たとえば，先天性盲の患者が点字を習得することにより，本来は視覚野に該当する部位にまで点字での読字の際の触覚刺激による活性化がみられるが（Sadato, 1996），後天性の盲ではここまでダイナミックな機能的変化は生じない．したがって，神経基盤を述べる際には，先天性と後天性とは区別して扱われるべきである．過去の先天性失音楽の報告のなかには，両者の混同がしばしばみられ，いくつかの論文では先天性失音楽を扱っているにもかかわらずタイトルに先天性（congenital）という語がなく，失音楽症（amusia）と冠されている（Hyde, 2006；Douglas, 2007）．これらは，音楽認知研究に不要な混乱を生みかねない．

　まとめると，先天性の失読（dyslexia）があるように，生まれながらに音楽に関連する神経ネットワークの成熟に必要な生物学的因子の欠落している人が存在することは，容易に想像がつき，実際に存在する．しかしそれは，MBEA という単一の検査結果で測られるものではなく，ましてその結果により診断がなされるものでもない．用語や考察での先天性と後天性の失音楽の混同は，意図するにせよしないにせよ，議論に混乱を生みかねない．極言するならば，臨床現場で患者を診察するのではない心理系の研究者が，自らの研究領域に研究対象となる疾患単位を設けるためにつくりあげたのが先天性失音楽であるといえなくもない．それは，データと統計からは正しいが，実在する患者という実体をどこまで反映しているかはなはだ疑問である．

4.5　鑑賞能力の選択的障害：視覚性情動低下症と音楽無感症

　ヒトは，心地よい刺激が加えられると快を感じる．それは，空腹や性欲の充足など生理的・本能的なものから，絵画や音楽などの芸術美を前にしたときの感動にまで至る．ヒトの情動には大脳辺縁系（limbic system）が関与する．脳の損

傷により，すべてのヒトに快感を与えるあるいは病前にその患者が快を感じていた刺激が，何の情動も引き起こさなくなることがある．そのような症状を無感症（anhedonia）とよぶ．無感症は，快刺激に限らず，悲しみ，恐怖，むかつき，怒りなどすべての種類の情動を含む．無感症は当初，精神疾患の情緒障害の特徴とみなされてきたが，大脳辺縁系とそれに関連する脳内ネットワークの障害により生じることが明らかとなってきた．

本章では，芸術鑑賞の神経基盤の一部をなす大脳辺縁系の解剖に始まり，脳損傷により視覚刺激や音楽に対する無感症を呈した症例を紹介し，音楽的情動の脳内機構について考察する．

a. 大脳辺縁系と報酬系（図 4.5）

大脳辺縁系は以下の構造物からなる：扁桃体，海馬体，海馬傍回，脳弓，乳頭体，帯状回，視床のいくつかの核．扁桃体は，情動に関する主たる構造物で，次の三つの亜核に分けられる：中心核（central nucleus：CeA），皮質内側核（corticomedial nucleus），外側基底核（basolateral nucleus：BLA）．BLA は連合野との間に相互連絡を有し，刺激への愛着による情動的重要性を感得するのにはたらく（Krebs,

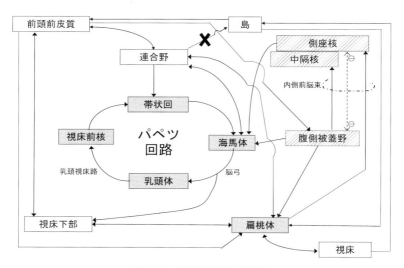

図 4.5 大脳辺縁系と報酬系
大脳辺縁系に属する脳部位は灰色，報酬系はハッチで示す．太い×は後述する音楽無感症（musical anhedonia）での障害部位を表す．

2012）．CeA は脳幹，脊髄，視床下部，BLA と相互に連絡し，情動刺激に対する内臓の反応を調節する．このように扁桃体は，あらゆる種類の感覚情報を受け，その情動的重要性を判断し，内臓の反応を不随意的に生じる．海馬傍回，帯状回，視床前核，乳頭体はパペツ回路（Papez circuit）を形成し，記憶に関与する．パペツ回路は当初，主として情動に関与する構造物と考えられていた．強い情動を引き起こす刺激がより容易に記憶されることはよく知られている．つまり，情動と記憶は，行動だけでなく解剖学的にも密接に関係している．

　情動と関連する脳内システムについて，大脳辺縁系とは別に報酬系（reward circuitry）とよばれるものがある．報酬系は主に動物実験の結果から導き出された概念である．ヒトを含む動物は，本能的欲求が満たされた際に快を感じる．報酬系とは，その部位を刺激すると快感を引き起こす脳領域のことである．たとえば，レバーを押すと餌が出てくるというケージにラットを置くと，ラットはやがてレバーを自分で押すようになる．しかし，ラットの脳の報酬系に属する脳部位に電極を埋め込み，レバーを押すと電気刺激が加わるようにすると，餌や実際のご褒美がなくともラットはレバーを押すようになる（Olds, 1954）．報酬系は，動機づけ学習や刺激への適切な反応，目的志向的行動に関与する．報酬には，神経伝達物質のドパミンが重要な役割を果たす．報酬系に含まれる脳領域は，以下のとおりである：腹側被蓋野（ventral tegmental area：VTA），中隔核（septal nuclei），側坐核（nucleus accumbens）．内側前脳束（medial forebrain bundle）は，VTA から側坐核に投射するドパミン線維を含む．VTA からのドパミン線維はまた，海馬体，扁桃体，中隔核，前頭前皮質にも投射する．前頭前皮質と側坐核は，VTA にフィードバックの線維を送る．さらに報酬系は，神経分泌や内臓の反応を司る視床下部にも連絡する．

b.　無感症（anhedonia）の分類

　日本語で"無感症"というと，性を初めとする生理的刺激への反応の欠如をイメージするが，anhedonia は生理的な刺激から絵画や音楽鑑賞といった審美的刺激への情動反応の喪失を意味する．書物によっては両者を区別し，後者の意味での anhedonia に対しては「アンヘドニア」と片仮名表記しているものもある．本章で用いる"無感症"という訳語は生理的なものから審美的なものまでを含む概念であることを最初に確認しておく．

無感症は，脳内過程と感覚様式（modality）という二つの観点から分類される．さらに，情動の脳内過程は，情動知覚（emotion perception）と情動経験（emotional experience）という二つの要素に分けられる（Juslin, 2008；Satoh, 2011）．情動知覚は，表現された情動の認知を意味し，必ずしも情動を感じる必要はない．たとえば，ある楽曲を聞いて，曲想が楽しいか悲しいかなどを判断する場合である．情動経験は，情動の主観的体験のことである．楽曲を聞いて実際に楽しい・悲しい気分になることを表す．これらの二つの要素は，互いに独立して生じうる（Brattico, 2009）．

　無感症のもう一つの分類は，情動を引き起こすことができなくなった感覚様式や刺激に基づくものである．視覚に関連した情動反応の喪失は，視覚性情動低下症（visual hypoemotionality）とよばれる．音楽に対する情動経験の選択的喪失を，筆者は音楽無感症（musical anhedonia）と命名した（Satoh, 2011）．

　情動の脳内過程に関しては二つの仮説がある．第一は，情動経験は情動知覚の後に連続して生じるというものである．この場合，情動知覚の段階の上にボトムアップ式に情動経験が成立する．第二の仮説は両者の並列過程を想定するもので，情動知覚と情動経験とは脳内で少なくとも一部は独立して存在する，というものである．どちらが正しいかは確定していないが，以下で述べるように，これまでに報告された神経心理学的知見からは，後者すなわち並列過程がより確からしいと考えられている．

c.　視覚性情動低下症

1)　Bauer（1982）による視覚性情動低下症の最初の報告

　視覚刺激に対する情動反応の選択的喪失を呈した最初の症例は，Bauer（1982）により報告され，視覚性情動低下症（visual hypoemotionality）と名づけられた．患者は，39歳，大学卒，右利き男性．オートバイ事故で重度の外傷を負った．最初の脳CTではとくに異常は認められず，翌日膝の骨折の修復のために整形外科で手術を受けた．術後の脳CTで，両側大脳半球に大出血が認められた．血腫は，側頭葉後下部から後頭側頭接合部を含み，右側の方が大きかった（図4.6）．その結果，患者は両側の水平性半盲，相貌失認，地誌的記憶障害を呈するとともに，視覚刺激に対する情動反応だけが生じなくなった．患者の仕事はシティ・プランナーの助手であったが，ビルの繊細な美的相違を評価できなくなった．彼は

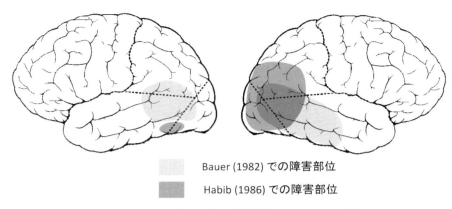

図 4.6 視覚性情動低下症の責任病巣［カラー口絵参照］

右半球の病巣の方が，左半球よりも大きい．後頭葉白質では下縦束（inferior longitudinal fasciculus：ILF）が両側とも障害されていた．

また，可愛い女の子やエロチックな写真を見ても情動反応が生じなくなったと強く訴えた．ヌード写真を見たときの皮膚伝導反応（skin conductance response：SCR）を，風景写真を見たときと比べたところ，健常者ではヌード写真に有意に大きな反応を示したのに対し，患者では両者に差はなかった．聴覚刺激では，性的な物語を聞いたときのSCRは，情動的でない中性の話を聞いたときの約2倍の大きさであった．患者の病巣は，ブロードマン 18/19 野といった視覚連合野を含んでいただけでなく，下縦束（inferior longitudinal fasciclus：ILF）の損傷により視覚野と大脳辺縁系との連絡も障害していた．ILFは，側頭葉を通って，外側基底大脳辺縁系（basolateral limbic circuit：扁桃体，視床背内側核，前頭葉眼窩皮質，鉤状束）とパペッツ回路（海馬体，脳弓，乳頭体，視床前核，帯状回）の両方に投射する．Bauerは，この患者の視覚性情動低下症は，視覚系と大脳辺縁系との離断（visual-limbic disconnection）により生じたと結論した．

2） **Habib（1986）による視覚性情動低下症の2番目の報告**

Bauerの報告から数年後，視覚性情動低下症の2番目の症例が報告された（Habib, 1986）．患者は，71歳，右利き，女性．後大脳動脈の脳梗塞により，左同名半盲，重度の相貌失認，地誌的記憶障害，軽度の半側空間無視と視覚性情動低下症を呈した．脳CTでは，右後頭側頭部に広範な低信号域と，左後頭葉皮質下に小梗塞を認めた（図 4.6）．病前，彼女は繊細な美的感覚の持ち主であった．水彩画を描くのを好み，多くの花を育てるのを楽しみとしていた．発症後は，そ

れまで彼女に強い満足感を与えてくれていたものを見ても，何の情動も生じなくなった．花々の魅力はもはや心のなかに入ってこず，風景はもはや美をもたらしてはくれない，と彼女は訴えた．右半球の梗塞は，右側頭葉を視覚野からの遠心性投射から孤立させているように思えた．左後頭葉深部白質の小梗塞は，視覚皮質と大脳辺縁系の構造物とを連絡する ILF を含むと思われた．Habib は，患者の視覚性情動低下症は ILF の両側性損傷により両側性に視覚系と大脳辺縁系との離断が生じたためと結論した．

3) 二つの視覚性情動低下症の特徴

Habib の報告以降，視覚性情動低下症の症例報告はない．上記二つの症例には次のような共通点がある：①右半球優位の両側性の後頭葉病変，② ILF が障害されている，③相貌失認，④地誌的記憶障害，⑤視覚系と大脳辺縁系との離断が原因と思われること．視覚性の情動反応の低下は，医師が質問しない限り患者から積極的に訴えることは稀で，多くの症例が見過ごされている可能性がある．視覚性情動低下症は，両側性病変による離断症状だけが原因か，右半球病変だけでも生じうるのか，いいかえると視覚性情動反応に半球優位性は存在するのかなど，今後の研究に残された課題は多い．

d. 音楽無感症 （musical anhedonia）

リズム，ピッチ，音色，強さ，音の長さなど音楽刺激の基本要素の弁別能力が障害されると，音楽の知覚はできなくなる．音楽の知覚が正しくできなくなると，音楽の審美的楽しみや音楽的情動も影響を受ける．これまでに，音楽鑑賞での審美的楽しみだけが選択的に障害された音楽無感症例が，筆者の経験した2症例を含めて4症例報告されている（表4.2参照）.

1) 自験による音楽無感症の2症例の報告 （Satoh, 2011/2016）

Mazzoni（1993）の最初の報告から約20年後，筆者は右側頭頭頂葉梗塞により音楽の情動経験の選択的障害をきたした症例を報告し，音楽無感症（musical anhedonia）という用語を初めて使用した．この間，神経心理学の進歩により，Mazzoni が「主観的性質ゆえに客観的評価が困難」とした同症状についても，情動と音楽認知の両面からの評価が可能となった．さらにその数年後，筆者にとって2例目となる，右被殻出血後に音楽無感症を生じたプロの指揮者の症例を経験した．以下，自験による2症例について紹介し，音楽的情動の脳内機構について

考察する.

自験例 1 （Satoh, 2011）

患者：71歳，男性，右利き．

主訴：音楽がくぐもって聞こえて何の感興も湧かない．

既往歴：高血圧．

現病歴：M 年 4 月某日朝，旅行先で右側頭頭頂葉の梗塞をきたして T 病院に緊急入院．意識清明，軽度の構成障害を認めたが，麻痺や無視はなかった．3 週間後に退院し帰宅したところ，音楽が味気なく，くぐもって聞こえることに気づいた．病前から好んで聞いていた音楽を聞いても響きが違って聞こえ，何の感興もわかなかった．音楽の既知感は保たれ，楽器の違いも識別できた．「スピーカーを通した音だから変に聞こえるのではないか」と考え，オーケストラのコンサートに行ったが印象は変わらなかった．耳鼻科的には異常なし．発症半年後に神経心理学的検査と音楽能力の検査を施行した．

音楽関連の訴え：①どんな曲を聞いても味気なく，まるで缶詰の魚のようだ，②音楽を聞いても何の感興もわかない，③音楽の楽しみを味わえない，④こもったくぐもった響きに感じる，⑤知っている曲はすぐにそれとわかるし，楽器の違いもわかる．

身体所見：一般身体所見・神経学的所見に異常を認めなかった．聴力は 6 年前と変化なく正常範囲．

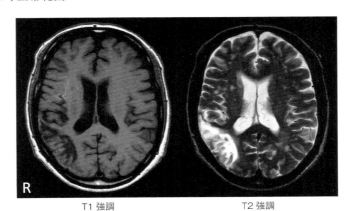

図 4.7 　自験例 1 の音楽無感症例の脳 MRI （Satoh, 2011）

神経心理学的所見：記憶正常，MMSE 30/30，レーヴン色彩マトリックス検査 33/36（8分58秒）で知能正常，構成障害なし，語音弁別検査 79/80 で正常，環境音検査（杉下/加我版）22/24 で正常範囲．基本的な音楽能力の検査は正常で（Satoh, 2005），音楽と各種の視覚刺激に対する知覚も健常者と変わらずにできた．

画像所見（図4.7）：頭部 MRI で右頭頂側頭部の梗塞を認めた．

自験例 2（Satoh, 2016）

患者：63歳，男性，右利き．

主訴：音楽の美しさを感じられなくなった．

既往歴：高血圧．

職業：プロの合唱指揮者．

現病歴：N年5月某日，右被殻出血を発症し保存的治療を受けた．ADL 自立となり7月末に退院し音楽活動に復帰したところ，音楽の美しさを感じなくなっていることに気づいた．耳鼻科的には正常．N+2年4月，精査目的で当科に入院した．

聞こえ方に関連した訴え：①音楽を聞いても心地よさがない，②これまで三次元だった響きが二次元になった，③フィルターのかかったような音に聞こえる，④指揮をしていてハーモニーが合っていても以前のようなきれいという感覚が生じないので本当に合っているかの自信がもてない，⑤声部の聞き分けが苦手に

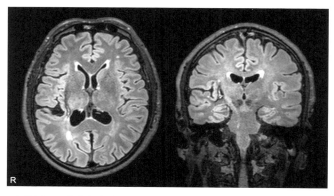

図 4.8　自験例2の音楽無感症例の脳 MRI（フレア（FLAIR）画像）（Satoh, 2016）

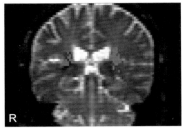
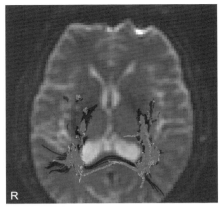

図 4.9 自験例 2 の音楽無感症例のトラクトグラフィ［カラー口絵参照］
DTI Studio というソフトを用いた ADC map を示す．島と上側頭回を結ぶ線維の描出が，右半球では低下している．ADC：apparent diffusion coefficient（見かけの拡散係数），DTI：Diffuse Tensor Imaging（拡散テンソル撮像法），R：右側．

なった．⑥大勢で話していると話を聞き取りにくい．ピッチやリズムの違いはよくわかる．⑦絵・写真の醜美や言葉に込められた感情はわかる．

　身体所見：一般身体所見に異常を認めなかった．意識清明，ごく軽度の左不全片麻痺，左半身の錯知覚，高音域の軽度の聴力低下．

　神経心理学的所見：知能・記憶・構成・前頭葉機能に異常なし．語音弁別正常，環境音失認なし．カクテルパーティ効果の障害．国際感情画像システム（International Affective Picture System：IAPS）正常．

　音楽能力の検査：モントリオール失音楽評価バッテリー（MBEA）正常．なじみのメロディの認知は正常．音楽適性プロファイル（Musical Aptitude Profile：MAP）（Gordon, 1995）の音楽的感受性（musical sensitivity）は高校生の平均値以下．純正律とそうでない和音の異同弁別が低下．

　脳 MRI（図 4.8）：右被殻に陳旧性出血．病巣は峡部（isthmus）に及んでいた．

　トラクトグラフィ（図 4.9）：右側頭平面から島後部に至る線維が左側に比し減少していた．

2）　音楽の情動知覚と情動経験との二重解離

　脳内の情報処理は，ある処理を受けると次の段階で違う処理を受け，さらにそれがまた異なる処理を受けるという，コンピュータのフロー・チャートに似た"箱

と矢印"の直列的な過程により表される（…Ⓐ→Ⓑ→Ⓒ→…）．ある脳内過程について，過去の知見から情報処理段階Ⓐ，Ⓑが障害されたときにそれぞれ症状 a, b が生じることが明らかになっていたとする．もし，症状 a を有しているが b のない患者（a＋/b－）と，反対に症状 a はないが b を呈する患者（a－/b＋）が個別に存在した場合，情報処理段階のⒶとⒷは脳内で独立して存在するとみなす．これを二重解離の法則（double dissociation）とよぶ．神経心理学の発展は，膨大な症例よる二重解離の証明の積み重ねにより，ヒトの認知過程をひとつずつ解明してきたことによる．

音楽聴取における情動経験すなわち音楽的情動（musical emotion）の成立についてはこれまで，情動の知覚を含む音楽知覚とは独立して生じるという意見と，音楽知覚に続いて生じるという二つの意見があった．Mazzoni（1993）と Hirel（2014）そして自験 2 症例（Satoh, 2011, 2016）による音楽無感症の報告は，音楽的情動の成立が選択的に障害されうることを示している（注参照）．反対に，音楽認知と情動知覚は障害されていたにもかかわらず，音楽の情動経験は保たれていた症例が二つ報告されている（表 4.2）（Peretz, 1999；Matthews, 2009）．Peretz の患者 IR は 40 歳の右利き女性で，音楽的な環境で育った．両側側頭葉と左前頭葉の梗塞の結果，受容性と表出性の失音楽症を生じた．音楽だけでなく，表情や声の認知も障害された．しかし，メロディが"幸せか・悲しいか"の判定

表 4.2 音楽無感症と，それに関連する症例報告のまとめ

報告者	年	雑誌	年齢（歳）	性別（M/F）	利き手	音楽歴	音楽的情動		病巣	診断
							知覚	経験		
Mazzoni M	1993	*J Neurol Neurosurg Psychiatry*	24	男	両手	アマチュアギタリスト	○	×	右側頭頭頂葉	AVM, 出血
Satoh M	2011	*Neurocase*	71	男	右	とくになし	○	×	右側頭頭頂葉	梗塞
Hirel C	2014	*Rev Neurologique*	43	男	右	アマチュア音楽家	○	×	右上側頭回	梗塞
Satoh M	2016	*Neurocase*	63	男	右	プロの合唱指揮者	○	×	右島から側頭葉の皮質下	被殻出血
Peretz I	1999	*Neurocase*	40	女	右	とくになし	×	○	両側側頭葉, 左前頭葉	梗塞
Matthews BR	2009	*Neurocase*	30	男	右	とくになし	×	○	両側側頭葉	変性

○：保存，×：障害，AVM：動静脈奇形

能力は正常で，病前と同様に音楽鑑賞を楽しむことができた．Matthews の患者 JS は 30 歳の右利き男性．神経変性疾患のためしだいに進行する聴覚失認（純粋語聾，環境音失認，受容性失音楽）を呈した．あらゆる面での音楽の知覚・認知が障害されているにもかかわらず，患者は音楽を聞いて楽しむことができた．

注 Griffiths（2004）もまた，脳梗塞後に特定の楽曲に対する情動経験が失われた症例を報告している．患者は 52 歳のアナウンサーで，左島，扁桃体を含む前頭葉梗塞の後にラフマニノフのプレリュードに対する音楽的情動が失われた．発症当初は右片麻痺と言語障害をともなったが，1 年後にはどちらもほぼ消失していた．病前に患者はその楽曲を仕事前に好んで聞いた．アナウンサーという職業人が言語障害をきたした例であり，音楽の情動経験の喪失も仕事に関連した曲にのみ限定していたことから，なんらかの精神的要因が発症に関与していた可能性があるが，著者はその点にはふれていない．脳の器質的障害が原因でない可能性が否定できないため，今回の検討対象からは除いた．

Mazzoni（1993），Hirel（2014），自験 2 症例（Satoh, 2011, 2016），Peretz（1999），Matthews（2009）の 6 症例をまとめると，表 4.2 のようになる．上の 4 症例では情動知覚は保たれていたが音楽の情動経験が選択的に障害され，音楽無感症を呈していた．下の 2 症例では情動知覚は障害されていたが音楽の鑑賞能力は保たれ，情動経験も病前と変わりはなかった．このように，両者の間では音楽的情動の知覚と経験の間に二重解離がみられる．つまり，音楽の情動経験は，音楽の知覚・情動知覚とは独立した脳内メカニズムを有していることが示唆された．

音楽無感症の責任病巣はどこだろうか．音楽無感症を呈した 4 症例は右側頭葉に病変があり，聴覚野に至る線維が皮質下で障害されていた．島（insula）は近年，その機能に注目が集まっている．島は，多重感覚の統合の場（multi-sensory integration site）として，外部からの情報と身体内部の情報との協調に関与している（Nagai, 2007；Ibañez, 2010）．島はまた，一次・二次体性感覚野，帯状回前部，扁桃体，前頭前野，上側頭回，側頭極，前頭葉眼窩面，前頭・頭頂弁蓋，一次聴覚野，聴覚連合野，視覚連合野，嗅球，海馬体，嗅内野，視床，内側膝状体，運動皮質と連絡し（Nagai, 2007；Craig, 2009；Mutschler, 2009；Ibañez, 2010），自律神経機能や情動，体内知覚への気づき，痛みや温度の知覚，嗅覚，味覚，前庭感覚，聴覚過程，言語にはたらく（Mutschler, 2009）．音楽鑑賞での感動は，鳥肌や流涙といった情動と自律神経反応に関連している．音楽無感症の過去の報告からみると同症の発症機序として，聴覚野と島との離断により聴覚連合野からの

情報が島に入らなくなり，情動や自律神経反応との統合がなされないために生じた可能性がある（図4.5の×印）．

e. 視覚性情動低下症と音楽無感症からわかること

上記にあげた視覚性情動低下症と音楽無感症の症例から，次のことがわかる：①情動知覚と情動経験の脳内過程は独立・並列して存在する，②単一の感覚様式の情動経験だけが障害されることがある，③視覚と聴覚における無感症（anhedonia）は視覚あるいは聴覚連合野と大脳辺縁系あるいは報酬系との離断により生じるのかもしれない．

今後に残された課題も多い．第一に，嗅覚，味覚，体性感覚など，ほかの感覚様式にも無感症は存在するのか．第二に，音楽無感症では環境音やプロソディ（prosody：抑揚，強弱，プロミネンスなどの時間的要素）といった，ほかの聴覚刺激に対する反応は保たれていた．視覚性情動低下症もまた，このようなカテゴリー特異性をもって生じうるのか．第三に，視覚性情動低下症と音楽無感症は離断症候群としてのみ説明可能なのか．たとえば，右半球が刺激の全体処理，左半球が部分処理に（Fink, 1999），頭頂葉が空間認知に関与することはよく知られている．音楽美の生成に右頭頂葉が中心的な機能をはたしている可能性はないのか．音楽の鑑賞能力に側性や局在はあるのか．情動研究はこれまで，快・不快といった比較的単純なものを対象としてきたが，音楽無感症は美を感じる脳内メカニズムという，最も高次の精神機能を解明する手がかりを与えてくれる．

f. "先天性" 音楽無感症の問題点

先天性失音楽で述べたことと同じ問題が音楽無感症にも生じている．筆者が音楽無感症という用語を提唱した数年後，カナダの音楽心理学のグループが，音楽を聞いた際の情動変化についての検査を健常若年者に施行し，基準値から外れたものを音楽無感症（musical anhedonia）として報告するようになった（Mas-Herrero, 2014；Martinez-Molina, 2016）．「多くの人が聞いたら心動かされる音楽を聞いてもそうならないから，その人は音楽的情動の障害がある」というのが彼らの本意のようである．しかし，音楽は個人的な好みの差が大きく，聞くときの気分にも左右されやすい．音楽鑑賞というきわめて個人的で TPO（time-place-occasion）に規定された行為を，検査結果のみで異常と判断することがはたして

妥当なのか．しかも彼らは"先天的な"音楽的情動の障害について述べているにもかかわらず，症候名に"先天性（congenital）"という語をつけていない．分野を超えた学問の展開は複数の視点からのアプローチを可能にする一方，医学の基準にそぐわない症候名が病名として流布しかねない問題をはらんでいる．

おわりに

音楽認知の研究はつねに，先行する他領域の成果の先導のもとで進められてきた．失語症研究による失音楽症の分類と視覚認知研究におけるボトムアップ機構がそれである．失語症も視覚認知も，対象を細分化し，それぞれを評価・統合することで全体の把握に挑んできた．音楽は時間と空間の芸術である．ある楽曲を聴くには，一定の時間と音が鳴り響く空間を要する．さらに言語や視覚での具象的な刺激と異なり，音楽は具体的意味とは結びつかない抽象的な刺激により情動を引き起こすことができる．つまり，音楽の脳内過程の研究は，人の存在の基盤となる時間と空間，意思や動機に関係する情動へのアプローチを可能とする．PET（ポジトロン断層法）やfMRI（磁気共鳴機能画像法）などの神経機能画像は，被験者と課題を自由に選べ，脳内認知過程の有力な研究ツールである．しかし，それらの結果は実在する症例という裏づけがあって，初めて実体として捉えられる．症例研究の意義と重要性は，今後もさらに高まりこそすれ，衰えることはない．

現在の音楽認知研究はほぼすべて，バロック期以降の西洋音楽を対象としている．それは，日本も含め世界の多くの国の公教育が西洋音楽を採用していること，五線譜での表記法が確立しており正確な記載が可能なこと，先行研究の積み重ねがあることが理由である．世界には無数の音楽があり，民族・地域ごとに特徴を異にする．それらの間には，音響現象上の違いを反映した脳内機構の違いと，ヒトとしてこれらの違いを超越した共通点とがおそらく存在するであろう．音楽認知研究の前には，広大な地平が手つかずのまま広がっている． ［佐藤正之］

文　献

Alossa N, Castelli L：Amusia and musical functioning. *Eur Neurol* **61**, 269-277, 2009.

Ayotte J, Peretz I, Hyde K：Congenital amusia：A group study of adults afflicted with a music-specific disorder. *Brain* **125**, 238-251, 2002.

Bauer RM：Visual hypoemotionality as a symptom of visual-limbic disconnection in man.

Arch Neurol **39**, 702-708, 1982.

Benton AL : The Amusias. In : Music and the Brain (Critchley M, Henson RA Eds), London : William Heinemann Medical Books, pp 378-397, 1977.

Bever TG, Chiarello RJ : Cerebral dominance in musicians and nonmusicians. *Science* **185**, 137-139, 1974.

Brattico E, Jacobsen T : Subjective appraisal of music : Neuroimaging evidence. *Ann NY Acad Sci* **1169**, 308-317, 2009.

Craig AD : How do you feel - now? The anterior insula and human awareness. *Nat Rev Neurosci* **10**, 59-70, 2009.

Douglas KM, Bilkey DK : Amusia is associated with deficits in spatial processing. *Nat Neurosci* **10**, 915-921, 2007.

Evers S, Ellger T : The clinical spectrum of musical hallucinations. *J Neurol Sci* **227**, 55-65, 2004.

Fink GR, Marshall JC, Halligan PW, Dolan RJ : Hemispheric asymmetries in global/local processing are modulated by perceptual salience. *Neuropsychologia* **37**, 31-40, 1999.

Garcia-Casares N, Torres MLB, Walsh SF, González-Santos P : Model of music cognition and amusia. *Neurologia* **28**, 179-186, 2013.

Gates A, Bradshaw JL : Music perception and cerebral asymmetries. *Cortex* **13**, 242-256, 1977.

Gordon HW : Hemisphere asymmetries in the perception of musical chords. *Cortex* **6**, 387-398, 1970.

Grant-Allen X : Note-deafness. *Mind* **10**, 157-167, 1878.

Griffiths TD, Warren JD, Dean JL, Howard D : "When the feeling's gone" : a selective loss of musical emotion. *J Neurol Neurosurg Psychiatry* **75**, 344-345, 2004.

Habib M : Visual hypoemotionality and prosopagnosia associated with right temporal lobe isolation. *Neuropsychologia* **2**, 577-582, 1986.

Hassler M : Functional cerebral asymmetries and cognitive abilities in musicians, patients, and controls. *Brain Cogn* **13**, 1-17, 1990.

Henson RA : Neurological aspects of musical experience. In Music and the Brain (Critchley M, Henson RA Eds), London : William Heinemann Medical Books, pp 3-21, 1977.

Hirel C, Lévêque Y, Deiana G, Richard N, Cho TH, Mechtouff L, Derex L, Tillmann B, Caclin A, Nighoghossian N : Acquired amusia and musical anhedonia. *Rev Neurol* (Paris) **170**, 536-540, 2014. doi : 10.1016/j.neurol.2014.03.015.

Hyde KL, Zatorre RJ, Griffiths TD, Lerch JP, Peretz I : Morphometry of the amusic brain : a two-site study. *Brain* **129**, 2652-2570, 2006.

Ibañez A, Gleichgerrcht E, Manes F : Clinical effects of insular damage in humans. *Brain Struct Funct* **214**, 397-410, 2010.

Johnson RC, Bowers JK, Gamble M, et al : Ability to transcribe music and ear superiority for tone sequences. *Cortex* **13**, 295-299, 1977.

Juslin PN, Västfjäll D : Emotional responses to music : The need to consider underlying mechanisms. *Behav Brain Sciences* **31**, 559-621, 2008.

Kimura D : Cerebral dominance and the perception of verbal stimuli. *Can J Psychol* **15**, 166-171, 1961.

Kimura D : Left-right differences in the perception of melodies. *Q J Exp Psychol* **16**, 355-358, 1964.

Krebs C, Weinberg J, Akesson E (Eds) : Lippincott' Illustrated Reviews : Neuroscience. Philadelphia : Lippincott Williams & Wilkins, 2012.

Loring DW : INS Dictionary of Neuropsychology. New York : Oxford University Press, 1999.

Marin O : Neurological aspects of music perception and performance. In The Psychology of Music (Deutsch D Ed), New York : Academic Press, 1983.

Martinez-Molina N, Mas-Herrero E, Rodriguez-Fornells A, Zatorre RJ, Marco-Pallarés J : Neural correlates of specific musical anhedonia. *Proc Natl Acad Sci USA* **113**, E7337-E7345, 2016.

Mas-Herrero E, Zatorre RJ, Rodriguez-Fornells A, Marco-Pallarés J : Dissociation between musical and monetary reward responses in specific musical anhedonia. *Curr Biol* **24**, 699-704, 2014. doi : 10. 1016/j.cub. 2014. 01. 068.

Matthews BR, Chang CC, May MD, Engstrom J, Miller BL : Pleasurable emotional response to music : A case of neurodegenerative generalized auditory agnosia. *Neurocase* **15**, 248-259, 2009.

Mavlov L : Amusia due to rhythm agnosia in a musician with left hemisphere damage : a non-auditory supramodal defect. *Cortex* **16**, 330-338, 1980.

Mazzoni M, Moretti P, Pardossi L, Vista M, Muratorio A : A case of music imperception. *J Neurol Neurosurg Psychiatry* **56**, 322-324, 1993.

Mazzucchi A, Marchini C, Budai R, et al : A case of receptive amusia with prominent timbre perception defect. *J Neurol Neurosurg Psychiatry* **45**, 644-647, 1982.

McDonald C, Stewart L : Uses and functions of music in congenital amusia. *Music Percept* **25**, 345-355, 2008.

Messerli P, Pegna A, Sordet N : Hemispheric dominance for melody recognition in musicians and non-musicians. *Neuropsychologia* **33**, 395-405, 1995.

Mutschler I, Wieckhorst B, Kowalevski S, Derix J, Wentlandt J, Schulze-Bonhage A, Ball T : Functional organization of human anterior insular cortex. *Neurosci Letters* **457**, 66-70, 2009.

Nagai M, Kishi K, Kato S : Insular cortex and neuropsychiatric disorders : A review of recent literature. *Eur Psychiatry* **22**, 387-394, 2007.

中田　力, 伊藤浩介 : 音楽の脳内機構と失音楽. *Clinical Neuroscience* **21**(7), 796-798, 2003.

Navarro V, Delmaire C, Chauviré V, et al : "What is it?" A functional MRI and SPECT study of ictal speech in a second language. *Epilepsy Behav* **14**, 396-399, 2009.

Olds J, Milner P : Positive reinforcement produced by electrical stimulation of septal area and other regions of rat brain. *J Comp Physiol Psychol* **47**(6), 419-427, 1954.

Patel AD : Language, music, syntax and the brain. *Nat Neurosci* **6**, 674-681, 2003.

Pearce JMS : Selected observations on amusia. *Eur Neurol* **54**, 145-148, 2005.

Peretz I, Morais J : Modes of processing melodies and ear asymmetry in non-musicians. *Neuropsychologia* **18**, 477-489, 1980.

Peretz I, Gagnon L : Dissociation between recognition and emotional judgments for melodies. *Neurocase* **5**, 21-30, 1999.

Peretz I, Blood AJ, Penhune V, et al : Congenital amusia : a disorder of fine-grained pitch discrimination. *Neuron* **33**, 185-191, 2002.

Peretz I, Champod AS, Hyde KL : Varieties of musical disorders. The Montreal Battery of Evaluation of Amusia. *Ann NY Acad Sci* **999**, 58-75, 2003a.

文　　　献

Peretz I, Coltheart M：Moduaruty of music processing. *Nat Neurosci* **6**, 688-691, 2003b.

Peretz I, Cummings S, Dubé MP：The genetics of congenital amusia（tone deafness）：A family-aggregation study. *Am J Hum Genet* **81**, 582-588, 2007.

Sadato N, Pascual-Leone A, Grafman J, et al：Activation of the primary visual cortex by Braille reading in blind subjects. *Nature* **380**, 526-528, 1996.

Satoh M, Takeda K, Murakami Y, et al：A case of amusia caused by the infarction of anterior portion of bilateral temporal lobes. *Cortex* **41**, 77-83, 2005.

Satoh M, Furukawa K, Takeda K, et al：Left hemianomia of musical signatures caused by callosal infarction. *J Neurol Neurosurg Psychiatry* **77**, 705-706, 2006.

Satoh M, Takeda K, Kuzuhara S：A case of auditory agnosia with impairment of perception and expression of music：cognitive processing of tonality. *Eur Neurol* **58**, 70-77, 2007a.

Satoh M, Kokubo M, Kuzuhara S：A case of idiopathic musical hallucination with increasing repertoire. *J Neurol Neurosurg Psychiatry* **78**, 203-204, 2007b.

Satoh M, Nakase T, Nagata K, Tomimoto H：Musical anhedonia：selective loss of emotion experience in listening to music. *Neurocase* **17**(5), 410-417, 2011.

Satoh M：Musical processing in the brain：a neuropsychological approach through cases with amusia. *Austin J Clin Neurol* **1**(2), 11, 2014.

Satoh M, Kato N, Tabei K, Nakano C, Abe M, Fukita R, Kida H, Tomimoto H, Kondo K：A case of musical anhedonia due to putaminal hemorrhage：a disconnection syndrome between the auditory cortex and insula. *Neurocase* **22**, 518-525, 2016.

佐藤正之：失音楽症．神経内科 **68**, 387-396, 2008.

佐藤正之：音楽はなぜ心に響くのか：医学からのアプローチ．音響サイエンスシリーズ 4，音楽はなぜ心に響くのか（山田真司・西口磯春編著），コロナ社，pp 154-197, 2011.

佐藤正之：音楽する脳―音楽の脳科学．脳とアート：感覚と表現の脳科学（岩田　誠・河村　満編），医学書院，pp 149-166, 2012.

Shindo A, Satoh M, Ii Y, Kuzuhara S：A case of singing seizure using syllable names. *Neurologist* **17**, 28-30, 2011.

Stewart L：Fractionating the musical mind：insights from congenital amusia. *Curr Opin Neurobiol* **18**, 127-130, 2008.

Tillmann B, Schulze K, Foxton JM：Congenital amusia：a short-term memory deficit for non-verbal, but not verbal sounds. *Brain Cogn* **71**, 259-264, 2009.

Zatorre RJ：Recognition of dichotic melodies by musicians and nonmusicians. *Neuropsychologia* **17**, 607-617, 1979.

5

アプロソディア
（Aprosodia）

「物も言いようで角が立つ」ということわざがある．同じ内容を相手に伝達するにしても，その「言い方」の差異によって，相手を不快にさせたり，怒らせてしまったりする場合があるという教訓である．この「言い方」には，文字に書き起こすことが可能な「言語的な情報」の差異だけではなく，声の調子・表情・しぐさなどの，文字にすると失われてしまうような「非言語的な情報」の差異も含まれるものと思われる．たとえば，話し手から「ありがとう」と言葉が発せられたとき，その言葉に文字どおりの感謝の気持ちが込められているのか，あるいは嫌味や皮肉が込められているのかなど，話し手の「感情」，「態度」，「意図」を聞き手が判断するためには，この「非言語的な情報」の送受信が重要な役割を果たす．このような文字化が困難な情報によるコミュニケーションは「ノンバーバル（非言語的）・コミュニケーション」と総称されており（上野，1995），今日では「音声」，「動作」，「表情」，「視線」，「姿勢」，「接触」，「臭い」，「外観」，「距離」など，非常に多岐に渡るメディアが研究対象となっている（大黒，2005）．その中でもとりわけ，「話し言葉（音声言語）」については，「言語的な情報」と「非言語的な情報」の両者の伝達を担う特異性をもっており，ヒトにとって最もプリミティブなコミュニケーション手段と考えられている（市川，2011）．文字をもたない文化や民族は存在するものの，「話し言葉」をもたない文化や民族は存在しないのであり，ヒトと「話し言葉」の不可分性を示す好例である．

話し言葉において送受信される「非言語的な情報」としては，話し手の「感情」，「態度」，「意図（メッセージ）」，「話者個人性（性別・年齢・体調など）」などが想定されている（森，2012，2014）．これらの情報は，話し言葉がもつ「強勢（stress）」，「速度」，「高低（pitch）」などの韻律的特徴の総称である「プロソディ（prosody）」（山鳥，1985）によって送受信される．しかし，ひとたび脳に

損傷が生じると，この「プロソディ」の表出や理解の過程に異常が生じてしまうことがある．さらに，脳の損傷部位の相違により，その「プロソディ」障害の特徴にも差異が生じることが明らかになってきている．近年では，脳機能画像研究の進展によって，「プロソディ」に関する脳内処理機構の知見も増加している．

　本章では，大脳の左半球損傷と，右半球損傷によって生じる「プロソディの障害」の質的な特徴の差異を中心に概説するとともに，「プロソディ」の脳内処理機構に関する最近の知見を紹介する．さらに，臨床神経心理学的な見地から，「プロソディ障害」をいかにとらえるべきかを展望する．

5.1　「プロソディ」とは何か

　「プロソディ」は，音声学・心理学・言語学（パラ言語学）・臨床神経学などの広範な学問領域において研究されてきた．しかし，現状では研究領域間の学際的な交流が十分ではない．理由のひとつに，「話し言葉」や「プロソディ」にかかわる学問領域や研究者間で，統一された用語法がないことがあげられる（森，2012，2014）．そこで，本節では「プロソディ」と「話し言葉」に関する用語や分類法を整理しておく．

a.　プロソディに関する用語の整理

　「プロソディ」とは，音声のもつ韻律的特徴（高さ，強さ，長さ，速度，アクセント，リズム，イントネーション，ポーズなど）の総称とされる（伊藤ら，2005）．プロソディには，物理的視点と心理的視点からのとらえ方がある（市川，2011；Myers, 1998）．たとえば，「声の大きさ」の韻律的特徴は，物理量としては「パワー」，心理量としては「ラウドネス」が対応する．プロソディの物理量と心理量の関係を表5.1に示す．なお，基本的なことだが，プロソディとは，これらの諸要素のさまざまな組み合わせや相互作用によって創発されるものであり，ある

表 5.1　韻律的特徴に対応するパラメータ

韻律的特徴	心理量	物理量
声の高さ	ピッチ	基本周波数
声の大きさ	ラウドネス	パワー（強さ，振幅，音量）
時間構造	リズム感，間，タイミング	音素・ポーズの持続時間

市川（2011），Myers（1999）をもとに作成

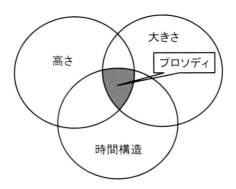

図 5.1 プロソディを構成する諸要素

特定の現象を指し示す用語ではない（図 5.1）. 臨床神経心理学領域では, しばしば「プロソディ障害」という記述が認められるが, この用語は, ある単一次元の障害を表現しているわけではなく, その内実は多様である.

b. プロソディの分類

　臨床神経心理学の分野において,「プロソディ」の概念とその障害を最初に提唱したのは, ノルウェーの神経学者であるモンラッド=クローンである（Monrad-Krohn, 1947a, 1947b）. モンラッド=クローンは, プロソディを「固有プロソディ (intrinsic prosody)」,「知的プロソディ (intellectual prosody)」,「情動プロソディ (emotional prosody)」の三つに分類している.「固有プロソディ」とは, 方言や母語に内在するプロソディとされる. なお,「固有プロソディ」とほぼ同義の用語として,「言語的プロソディ (linguistic prosody)」が位置づけられることも多い（Mitchell et al., 2013）.「言語的プロソディ」とは, たとえば,「箸」と「橋」のように, 意味の違いを表現するようなアクセントの変化や,「行く」と「行く？」のように, 平叙文と疑問文の違いを表現するようなイントネーションの変化など, 言語的な意味を明確化する役割を担うプロソディとされる（波多野ら, 2002）.「知的プロソディ」とは, 話し手の熱意, 疑念, 退屈などの「態度」の表現であり, 話し手が意図的に制御可能なプロソディである.「情動プロソディ」とは, 怒りや恐怖によって生じる「声の震え」に代表されるような, 恐怖, 怒り, 悲しみ, 驚きなど, 話し手のその時々の「感情」の表現である.「情動プロソディ」は, 意図的な制御が困難であるという点で,「知的プロソディ」とは区別されている.

近年の神経心理学領域においては，「知的プロソディ」と「情動プロソディ」を包括した「感情プロソディ（affective prosody）」という分類が用いられることが多い（Myers, 1998；Mitchell et al., 2013；波多野ら，2002；Duffy, 1995）．「知的プロソディ」と「情動プロソディ」が包括される理由としては，「知的プロソディ」と「情動プロソディ」によって「伝達される情報」が，具体的に何であるのかが曖昧であったり（森，2012，2014），「意図的な制御の有無」という，客観的な評価が難しい分類基準が採用されていること（森，2012，2014）が考えられる．このような定義上の曖昧さが存在することを考えれば当然だが，「知的プロソディ」が保たれて「情動プロソディ」が障害された症例や，「知的プロソディ」が障害されて「情動プロソディ」が保たれた症例は，いまだ報告されていない（Mitchell et al., 2013）．逆にいえば，「知的プロソディ」と「情動プロソディ」によって，それぞれ伝えられる「態度」と「感情」の不可分性を示しているともいえる．いずれにせよ，これらの分類はあくまで理論上のものにすぎない（波多野ら，2002）点に注意する必要がある．

c. 音声学領域における分類：言語的情報・パラ言語的情報・非言語的情報

次に，音声学領域における「プロソディ」の位置づけを確認する．日本において最も広く受け入れられているのは，藤崎の分類（藤崎，1994）である．この分類では，「話し言葉」が伝達する「情報」を，その質的な差異によって，「言語的情報（linguistic information）」，「パラ言語的情報（para-linguistic information）」，「非言語的情報（non-linguistic information）」の三つに分類している．「言語的情報」は，言語記号が伝達する情報であり，「文字化が可能か否か（転記可能性）」という基準で分類されている．文字化できない情報では，意図的な制御が可能な情報は「パラ言語的情報」，意図的な制御が困難な情報は「非言語的情報」に分類されている．具体的には，意図的な制御が可能とされる「態度」は「パラ言語的情報」として，「性別・年齢などの個人性」や「感情」は，意図的な制御が困難であるため，「非言語的情報」として扱われることが多い（森，2014）．

d. 既存の分類の問題点

臨床神経心理学領域におけるプロソディ分類でも，音声学領域における情報の質的な差異による分類でも，文字化ができない「非言語的情報」として，「感情」

や「態度」が想定されており，両者を区別するためには「意図的な制御の有無」が重要視されている．前述したように，藤崎の分類（藤崎，1994）では，「感情」は意図的な制御が困難であるため，非言語的情報に分類される．ただし，「感情」や「個人性」を意図的に模倣することはある程度可能であり（例：演技やモノマネなど），藤崎自身もこのような場合は例外と位置づけている（藤崎，1994）．同様に，森（2012, 2014）は，社会的なコミュニケーション場面では，悲しい感情を隠して周囲にふるまったり，場の雰囲気に同調して喜びを表出したりと，「感情」の表出にも多くの場合に意識的な制御が関与することを指摘している．さらに，藤崎の分類（藤崎，1994）では，「態度」は意図的な制御が可能であるため，パラ言語的情報に分類されるが，怒りのあまり不快感が意図せずに「態度」に現れてしまう場合など，意図的制御が困難な側面も存在することを指摘している（森，2012, 2014）．

e. 森（2014）による話し言葉のコミュニケーションモデル

このような状況から，森は「話し言葉は言語的情報以外に何を伝えているのか」のコンセンサスがないことを指摘し，基本概念の体系化を試みている（森，2012, 2014）．森の提案する「話し言葉」におけるコミュニケーションの構図を図 5.2 に示す．森のモデルでは，前述した「感情」と「態度」における「意図的制御」の両面性に配慮したうえで，「メッセージ性」の有無を軸にした分類を提案している（森，2014）．つまり，前述したような演技的な「感情」の表出は，メッセージ性が存在するため「パラ言語的情報」に分類される．さらに，話し手が発信する「メッセージ」と，聞き手が得る「情報」を明確に区別した点も，既存の分類にはない特徴とされる．

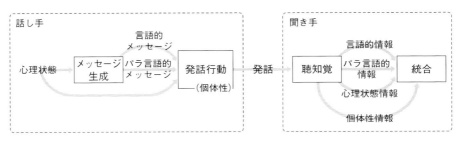

図 5.2　森の提案する話し言葉のコミュニケーションモデル（森，2014）

このモデルでは，話し手の発話プロセスの出発点として「心理状態」が位置づけられている．「心理状態」には，話し手の「メッセージ生成」に影響を及ぼす「認知状態」と「感情状態」が含まれるとされる．また，心理状態から「メッセージ生成」を経由せず，直接発話に至る非意図的な経路も想定されており，これによって「感情」や「態度」の意図的制御の両面性を保障している．聞き手は，発話から知覚した言語的情報，パラ言語的情報，心理状態情報，個体性情報を統合し，話し手の発話行為を総合的に解釈するとされる．本モデルは，臨床神経心理学における「プロソディの障害」の病態解釈に関しても，多くの示唆を与えるものと思われる（詳細後述）．

5.2 左半球損傷による「プロソディの障害」

a. 失語症を構成する要素的症状

次に，脳の損傷により生じる「話し言葉」の障害のなかで，「プロソディ」に影響を及ぼしうる種々の障害を概説する．

脳の損傷によって生じる代表的な「話し言葉」の障害は「失語症（aphasia）」である．失語症とは，「大脳の損傷に由来する，一旦獲得された言語記号の操作能力の低下ないし消失」と定義される（山鳥，1985）．前章の図式に照らし合わ

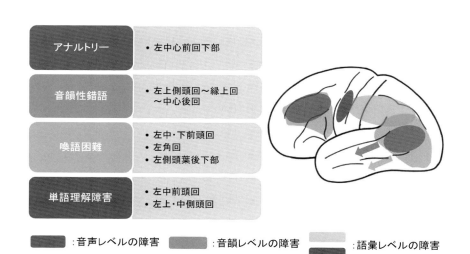

図 5.3　要素的な症状と機能局在の関係（大槻，2007，一部改変）［カラー口絵参照］

せると,「言語的情報」の送受信の障害と位置づけることが可能である.この言語記号の操作能力は,左半球の機能によって支えられていることは古くから指摘されていたが,近年の病巣研究の発展により,言語記号の操作能力はより細分化され,損傷部位との関係も明らかになってきている(相馬,1997;大槻,2007).失語症を構成する要素的症状(=臨床的に分解が可能な最小単位の症状)と病巣との関係を図5.3に示す.言語の処理過程は,おもに「発話」,「音韻」,「語彙」,「統語(文法)」のレベルに分類されるが,「プロソディ」と最も関係が深い病態は「発話」レベルの障害である.本節では,失語症を構成する発話レベルの要素的症状である「アナルトリー(失構音≒発語失行)」を中心に取り上げる.

b. アナルトリー/失構音≒発語失行

発話レベルの症状は,発話の実行に動員される各器官(呼吸筋群,声帯,口唇,舌など)の運動麻痺によって生じる場合と,それらの器官に指令を伝えることの問題によって生じる場合があり,前者はディサースリア(dysarthria),後者はアナルトリー(日本では失構音,anarthrie)(≒発語失行,apraxia of speech)とよばれている(図5.4).ディサースリアとアナルトリーの中核症状のひとつに「構音の歪み」がある.これは,発話音が日本語表記できないような不明瞭な音に変化してしまう現象である.なお,アナルトリーの「構音の歪み」には,非一貫性(変動性)がある点で,ディサースリアにおいて生じる「構音の歪み」とは区別されている.ディサースリアの場合は,舌や口唇の運動自体に問題が生じるために,音の歪み方や,誤りの起こり方の変動は少ない.たとえば,「か」がどんなときにも聞き取りにくく,どんなときにも同じような歪み方となる傾向が強い.しかし,アナルトリーの場合は,「か」が「ぎゃ」に近い音に変化したり,

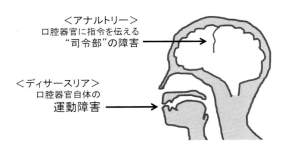

図5.4 アナルトリーとディサースリアの発現機序の相違

5.2 左半球損傷による「プロソディの障害」 125

「は」に近い音に変化したり，明瞭な音が表出されたりと，一貫性が乏しい．つまり，明瞭に音が出る場合があることは，舌や口唇の運動が実現可能な場合もあることを意味しており，発話の実行にかかわる各器官の運動麻痺にその原因を帰すことはできない．アナルトリーの原因として，各器官に指令を伝える「脳の発話運動に関する司令部の障害」が想定されているのはこのためである．

　アナルトリーのもう一つの中核症状として，多くの研究者によって報告されてきた症状が，「プロソディの障害」である．しかし，「プロソディ」とは，前述したように，「強勢」，「速度」，「高低の流れ」などの，複数の要素から構成され（山鳥，1985），その障害もさまざまなタイプで現れる可能性がある．このような問題に対処するために，「プロソディの障害」よりも要素的な症状である「音の連結不良」の有無をアナルトリーの診断基準として重要視する考え方が提案されている（大槻，2005）．「音の連結不良」とは，一つ一つの音のわたりが「り…ん…ご」のように音が途切れてしまう現象であり，プロソディにおける「時間構造」の障害とも表現できる．ここで，自験例である最重度のアナルトリーを呈した男性と，同年代の健常者男性の「さくら」という単語を発した際の音響成分を視覚化したもの（サウンドスペクトログラム）を図 5.5 に示す．黒色の濃淡は，発話音が表出されている部分を示しているが，アナルトリー例では単語全体をいい終えるのに，約 2 秒もの時間を要している．健常者の単語全体の発話所要時間は 0.5 秒程度であり，アナルトリー例においてはいかに発話の時間的側面に影響が及んでいるかが理解できる．さらに，一つ一つの音自体の持続時間が延長しているだけではなく，一つ一つの音の間隔も延長しているのが特徴である．

　このような重篤なプロソディの障害は，固有プロソディ・知的プロソディ・情動プロソディのすべての側面に影響する．しかし，アナルトリーのみを純粋に呈する症例の場合には，「何を言うか」という言語記号の操作能力や，「話し言葉」以外のメディアを用いた「ノンバーバル・コミュニケーション」には問題は生じない点が重要である．つまり，残された「音韻」，「意味」，「統語」などの言語的情報の操作能力や，「表情変化」や「ジェスチャー」を駆使することで，「意志」，「態度」，「感情」を聞き手に伝えることができる．

　なお，アナルトリーの責任病巣の議論について，国際的には混乱が生じていたが，日本においては，左中心前回の下部ないし中部であると，広くコンセンサスが得られている（大槻，2005）．近年では，国際的にもその認識は広がりつつあ

〈最重度
アナルトリー例〉

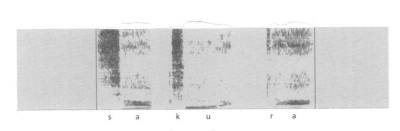

〈健常例〉

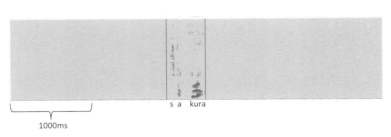

図 5.5 「さくら」発語時の音声波形と広帯域サウンドスペクトログラム
上段（縦軸は振幅），中段（縦軸は RMS 音圧）：音声波形，下段：サウンドスペクトログラム（縦軸は周波数）．

る（Graff-Radford et al., 2014；Itabashi et al., 2016）．

c. 外国人アクセント症候群

　アナルトリーの中核症状が「構音の歪み」と「音の連結不良を中心とするプロソディの障害」であることはすでに述べたが，「プロソディの障害」が際立つ発話の障害として，「外国人アクセント症候群（Foreign Accent Syndrome：FAS）」という興味深い病態がある．これは，脳の損傷をきっかけとして，まるで外国人が話しているような発話に変化してしまう病態である．特徴としては，①語彙や文法は正常に近い，②軽度のアナルトリー（発語失行）をともなうことも多い，③構音は十分に聞き取ることができる範囲である，④軽度の文法の誤り

によって，たどたどしい印象を与える場合がある．⑤イントネーションは不自然
であっても，決して平坦とはならない．⑥日本語では強勢アクセントの付加も関
与する，⑦病巣は一定しない，などがあげられている（石合，2012）．アナルト
リーにおける「プロソディ」の特徴としては，しばしば「平坦化」が指摘される
が，FASでは「平坦化」が認められない点で異なる．

　なお，モンラッド=クローン（Monrad-Krohn, 1947b）は，FAS例の報告にお
いて，プロソディは失われているわけではない点に着目し，パーキンソン病（後
述）にともなうプロソディの喪失ないし減弱（＝アプロソディ：aprosody）と，
FASを明確に区別するために，「ディスプロソディ（dysprosody）」という用語
を提案している．しかし，今日では，「プロソディの障害」を広い意味で「ディ
スプロソディ」と表現する報告も多く，この考え方が定着化しているとはいいが
たい．日本では，左半球の損傷と関連したプロソディの障害に対しては「ディス
プロソディ」，右半球の損傷と関連したプロソディの障害に対しては「アプロソ
ディア（aprosodia）」と表現されることが多いが（福原ら，1994），音響学的な
特徴や，聴覚印象の差異に基づくような，明確な分類基準があるわけではない．

　これまでに報告されているFASの「聞こえ方」の特徴としては，ドイツ語様，
中国語様，フランス語様などさまざまで（Duffy, 1995），FASに特有のプロソディ
の特徴が同定されているわけではない．なお，FASを呈した症例の病巣を確認
すると，左中心前回に損傷を認める報告も多く（Schiff et al., 1983；Takayama
et al., 1993；中野ら，1996），前述のアナルトリーの責任病巣と矛盾しない点は
特筆すべきである．つまり，アナルトリーにともなうような「時間構造」の障
害には種々のパターンが想定され，ある特定の時間構造の障害パターンがみられ
るとき，偶然的に聞き手側に「外国語らしさ」の聴覚印象を喚起するのかもしれ
ない．ここで興味深いのは，「○○語様の発話」を，その○○語を母語とする人
に実際に聞いてもらったとしても，母語にはないアクセントであると報告される
（Ardila, 1988）ことである．つまり，「外国語らしさ」は，「“あるA語”の固有
プロソディ」に近似するのではなく，「“あるB語を母語とする人が話すA語”
の固有プロソディ」に近似することによって喚起されると考えられる．たとえ
ば，ベトナム語は音の長短が意味の弁別にかかわらない言語であり，ベトナム人
の日本語学習者は長音と短音の区別が難しいとされる（レー・チュン・ズンら，
2010）．その結果，「りんご」を「りんごー」のように，最後の音を伸ばしてしま

う傾向があると，日本語学習者のベトナム人自身が報告している（レー・チュン・ズンら，2010）．この最後の音を伸ばす傾向は，日本語に固有のプロソディではなく，「ベトナム語を母語とした人が話す日本語」における特有の現象である．したがって，音が間延びしてしまうような特徴をもつ「プロソディ（時間構造）の障害」が顕著な場合には，ベトナム語話者様のFASがみられるのかもしれない．ただし，われわれは「英語を母語とする人が話す日本語」や「中国語を母語とする人が話す日本語」に比べ，「ベトナム語を母語とする人が話す日本語」にはなじみが少ないため，「外国語らしさ」が喚起されたとしても，「ベトナム語らしさ」は喚起されないかもしれない．このような例からも示唆されるように，FASとは「聞き手ありき」で生じる病態であり，その病態機序の検討に欠かすことができない視点である．

　今後の展望として，たとえば「○○語様の発話」を呈する日本語話者のFAS症例と，「○○語を母語とする日本語の学習者」のプロソディの特徴を比較する，などの学際的な研究が，FASの発現機序を解明する一助となる可能性がある．さらに，「何が外国人らしさ（○○語らしさ）を喚起するのか」という，「聞き手側」のプロソディに関する認知過程にも着目して検討すべきである．

5.3　右半球損傷による「プロソディの障害」：アプロソディアをめぐって

a.　失語症の鏡像としての「アプロソディア」

　「プロソディの障害」の研究は，失語症に比べるとその歴史は浅いが，ロスら（Ross et al., 1979, 2008；Ross, 1981）によって，右半球損傷と関連した「アプロソディア」の概念が提唱されて以降，注目されるようになった．

　右半球が重要な役割をはたしていることは，イギリスの神経科医であるヒューリングス・ジャクソンが指摘している（Jackson, 1879）．彼は，言語を「知的言語」と「情動言語」に分類し，知的言語を左半球，情動言語を右半球と関連づけたことで知られている．このジャクソンの仮説を受け継いだのが，ロスら（Ross et al., 1979, 2008；Ross, 1981）によるアプロソディア（aprosodia）の概念である．

　ロス（Ross, 1981）は，左半球損傷による「失語症」の鏡像として，右半球損傷による「情動言語」の障害を「アプロソディア」として包括した．なお，この「アプロソディア」の概念には，話し言葉の側面だけではなく，情動的なジェスチャーの障害も含まれていることに注意する必要がある．

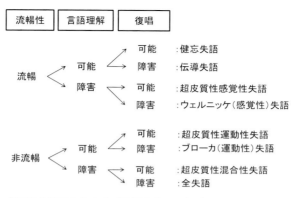

図 5.6 古典的分類によるタイプ分類のチャート（Benson et al., 1996, 改変）

　アプロソディアの概念を説明するために，その概念のもととなった古典的な失語症分類（失語症候群）の考え方を紹介する．失語症候群とは，共通して生じるさまざまな「症状の組み合わせ（集まり）」を便宜上グループ化したものとされる（大槻, 2006）．最も代表的な分類はボストン学派の古典的分類（Benson, 1979）で，今日でも失語症臨床で汎用されている．古典的分類においては，「流暢性/非流暢性」，「言語理解良好/不良」，「復唱良好/復唱不良」の三つが評価の軸に据えられている．古典的失語分類のチャートを図 5.6 に示す．

　ロスはこの古典的分類の概念を「感情プロソディ」の障害に対応させ，①プロソディの表出，②プロソディの理解，③プロソディの復唱（プロソディの模倣）を評価の軸とし，アプロソディアのタイプ分類を試みている（Ross, 1981；Ross et al., 2008）．アプロソディアのタイプとしては，運動性アプロソディア，感覚性アプロソディア，伝導アプロソディア，超皮質性感覚アプロソディア，超皮質性運動アプロソディア，健忘アプロソディアなどのように，失語症分類にそのまま対応した分類法が提案されている．

　ロスら（Ross et al., 2008）はその後，健常群 43 名，左半球損傷群 18 名，右半球損傷群 21 名を対象とし，各アプロソディアのタイプと病変部位との対応を検討している．アプロソディアの各タイプにおける病巣を重ね合わせたものを図 5.7 に示す．結果として，運動性アプロソディアは右前頭葉の損傷例で，感覚性アプロソディは右側頭葉の損傷例で有意に出現率が高かったと報告されている．以上の結果から，アプロソディアの各タイプとその解剖学的基盤は，古典的失語

130　　　　　　5. アプロソディア（Aprosodia）

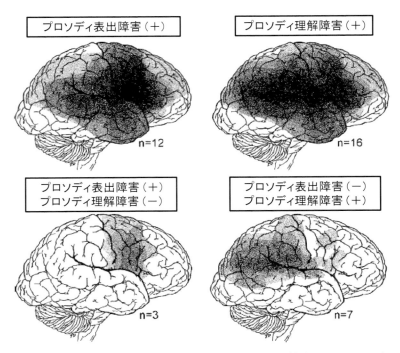

図 5.7　アプロソディアの各タイプと病巣部位との対応関係（Ross et al., 2008）

分類の各タイプの解剖学的基盤と類似すると結論づけられている．

b.　なぜ「アプロソディア」の報告例は少ないのか

　しかし，「失語症」に比べ，「アプロソディア」の報告例はきわめて少ない．たとえば，国内の論文検索サイト（J-GLOBAL）において，"aphasia" で検索すると文献ヒット件数は 2114 件であるのに対し，"aprosodia" は 2 件しかない（2017 年 4 月 3 日現在）．日本人は言語の抑揚やジェスチャーが控えめであり，「プロソディの障害」自体が顕在化しにくいと考えられるが（山本ら，2004），この傾向は欧米においても同様で，海外文献の検索サイト（PubMed）において，"aphasia" で検索した場合のヒット件数は 15571 件であるのに対し，"aprosodia" はわずか 53 件である（2017 年 4 月 3 日現在）．

　報告例が少ない要因としては，①診断基準が曖昧である，②日常生活上の困難さが生じにくい病態であり，検討の対象となりにくい，③評価者がその存在を見

落としている，などが考えられる．とくに，①診断基準の問題に関しては，そも
そも，アプロソディアの概念のもととなった古典的失語分類に，弱点があること
が指摘されている（大槻, 2009）．それは，「流暢/非流暢」や「復唱良好/復唱不良」
の判断について，具体的に「どのくらい」できたら「流暢」や「良好」と判断す
るのか，といった基準が不明瞭な点である．実際に，ボストン学派の研究者によ
るカンファレンスにおいても，失語症のタイプ分類が可能であったのは59%に
すぎず（Benson, 1979），このような曖昧さを内包する分類法はもはや「タイプ
分類」としての機能を有効にはたしているとはいいがたい．

　アプロソディアの分類方法も，この弱点をそのまま引き継いでいるといってよ
い．つまり，プロソディの表出が「どの程度障害されていたら」，表出障害あり
と判断するのか，「どの程度の模倣の困難さ」を，模倣障害ありと判断するのか
は，検査者の主観的判断に委ねられている．失語症の場合には，ある特定の症状
の「あり/なし」という明確な基準を導入できるが（大槻, 2009），「アプロソディ
ア」の場合には，どんなに重篤なプロソディ表出の障害を呈していても，発話が
なされている以上は，そこに「プロソディ」が存在する．換言すれば，「構音の
歪み」や「ことばの言い間違い」などがまったくない発話は存在するが，「プロ
ソディ」がまったくない発話は存在しない．したがって「プロソディ」の「あり
/なし」という明確な基準を導入できず，「プロソディ」の障害か否かの判断は，
主観的な評価に依存せざるをえない．これが，「アプロソディア」の同定を困難
にする要因である．

c. アプロソディアの解体と再構築の試み

　失語症研究においても，研究者の立場の相違によって，種々のタイプ分類が乱
立し，混乱していた歴史的経緯がある．その解決策として，相馬（1997）は，失
語症候群を個々の要素的症状へと解体することで，混乱の克服を試みている．し
たがって，古典的失語分類をもとに考案された「アプロソディア」に対しても，
プロソディの表出・理解の障害を「要素的な症状」へと解体することが，その病
態の理解を深める一助となる可能性がある．

　前述したように，ロスによる「アプロソディア」の分類基準は，①「プロソディ
の表出」，②「プロソディの理解」，③「プロソディの復唱」の三つが分類の軸と
なっている（Ross, 1981：Ross et al., 2008）．古典的失語分類との対応関係として

は，①は「流暢性」，②は「言語理解障害」，③は「復唱障害」が該当する．以下に，それぞれの症状について，現代的な失語症のとらえ方から類推されるアプロソディアの新たな見方を提案する．

d. 「プロソディの表出障害」の解体

近年の失語症分類においては，境界線が曖昧で評価が困難な「流暢/非流暢」の分類よりも，脳の機能局在が明らかで，症状の「あり/なし」という明確な評価が容易である「アナルトリー」の有無が，失語症分類の基準として推奨されている（大槻，2006，2009）．アナルトリーを評価する上で重要となるのが，「症状の変動性」であり，その有無が「ディサースリア」と「アナルトリー」を区別するポイントであることは前述したとおりである．ただし，この症状の変動性については「アプロソディア」において言及されることは少ない．アプロソディアの障害機序に関する議論として，ディサースリアの影響を完全には排除できていないことが指摘されているが（Myers，1998），この症状の「変動性」の有無に着目することで，表出面におけるアプロソディアの独立性を明らかにできる可能性がある．

e. 「プロソディの理解障害」の解体

近年の失語症研究では，「単語理解障害」は，損傷部位の相違によってその処理過程に差異が存在することが指摘されている（大槻，2007）．たとえば，前頭葉の損傷による理解障害の特徴としては，「犬」を「はさみ」と取り違えるなど，意味的な関連のない語への誤りが少なくないことが指摘されている．したがって，前頭葉は「最初にどのカテゴリーにアプローチするか」の指南役を担っていることが想定されている．一方，側頭葉などの後方領域の単語理解障害の場合には，「犬」を「猫」と取り違えるなど，誤り方に意味的な関連が多いことから，後方領域損傷では「動物」や「道具」などの大まかなカテゴリーの理解は可能であるものの，厳密な意味処理が困難であることが指摘されている（大槻，2007）．

この知見を「感情プロソディ」の理解過程に応用すれば，「怒り」，「喜び」などの基本的な感情の大まかなカテゴリーの処理過程と，「怒り」のカテゴリー内での「憎悪」，「苛立ち」といった，より厳密なプロソディ理解の処理過程は異なる可能性がある．前方領域の損傷では「運動性アプロソディア」が生じやすく，

後方領域の損傷では「感覚性アプロソディア」が生じやすいとされているが,「運動性/感覚性」の単純な二分法にとらわれてしまっては,前方領域の損傷によって生じる可能性のあるプロソディの理解障害を見逃してしまう可能性もある.実際に,右前頭葉は感情プロソディのラベルづけやカテゴリー処理にかかわること(Schirmer et al., 2006)や,自閉症スペクトラム障害例では,単純な感情プロソディは理解可能であるにもかかわらず,複雑な感情プロソディの理解は困難であることも報告されており(Rutherford et al., 2002),「プロソディの理解」過程においても,「カテゴリーの指南」と「厳密なプロソディの処理」などの,より細分化された機能を想定する妥当性は高いと考えられる.

f. 「プロソディの復唱障害」の解体

失語症における「復唱障害」は,今日では「音韻性錯語」と「言語性短期記憶障害」という要素的症状に解体されている.音韻性錯語とは,「りんご」を「りんも」と言い誤るように,目標となる音が違う音に入れ替わってしまう現象を指す.言語性短期記憶障害とは,秒単位のごく短い間,言語的な情報を把持しておく能力の障害である.復唱障害を呈する失語症患者には,多くの場合,両者の症状が生じるが,音韻性錯語が前景に立つ場合の復唱障害と,言語性短期記憶障害が前景に立つ場合の復唱障害には,それぞれ質的な差異が存在することが指摘されている(Shallice, 1977).

このような考え方を「アプロソディア」の概念に応用すれば,復唱しようとするプロソディが違うプロソディに変化してしまうような,「錯語」と類似した誤りであったり,いったん聞いたプロソディを「忘れてしまう」ために復唱が困難となってしまうような,言語性短期記憶障害に類似した誤りであったりなど,種々の誤り方のパターンが想定可能である.このように,「あるプロソディの復唱ができない」現象ひとつをとっても,異なる複数の障害機序が想定可能であり,今後はプロソディの復唱における「誤り方」にも注目した知見の蓄積が必要であろう.

5.4 その他の「プロソディの障害」を生じる病態

a. 運動実行段階の障害による「プロソディの障害」：ディサースリア

ディサースリアとは,「神経・筋系の病変に起因する発声発語器官の運動機能

障害による発話の障害」と定義される（Darley et al., 1975）．つまり，呼吸・発声器官や，舌や口唇などの口腔構音器官の「運動実行の段階」が正常に機能しない結果，発話速度の低下が生じたり，発話のタイミングやリズムが崩れたり，抑揚が平坦化したりする病態である．代表的な例としては，随意運動を支配する，右半球と左半球の両側の錐体路損傷によって生じる痙性ディサースリア，運動のリズムを制御する小脳の損傷による失調性ディサースリア，パーキンソン病にともなう運動低下性ディサースリアなどがあげられる．

b. 精神疾患における「プロソディの障害」

　精神疾患においても，「プロソディの障害」が生じることが知られている．たとえば，統合失調症では，アプロソディアと同様に，感情プロソディの表出と理解の両者に障害が生じることが報告されている（伊藤ら，2005）．また，うつ病患者では，驚いた声や幸せそうな声を，ネガティブに判断する傾向を示すことが報告されている（Kan et al., 2004）．また，自閉症スペクトラム障害例の発話でも，①話速の遅さ，②声の低さ，③プロソディの平坦化，④全体の印象の違和感，などの特徴が指摘されている（近藤ら，2013）．感情プロソディの理解についても，自閉症スペクトラム障害例では，単純な感情の理解は可能であるが，複雑な感情や微妙な感情の理解が困難となることが示唆されている（Rutherford et al., 2002）．

c. パーキンソン病における「プロソディの障害」

　パーキンソン病においては，「運動実行の段階」が正常に機能しない結果として，プロソディの表出に問題が生じることは前述したが，他者の情動を理解する能力も障害されることが知られている．とくに，表情から相手の情動を判断することよりも，音声から情動を判断することのほうがより困難であることや，「喜び」や「驚き」といったポジティブな情動よりも，「怒り」，「嫌悪」，「恐怖」などのネガティブな情動の理解がより困難である傾向が指摘されている（Gray et al., 2010）．なお，パーキンソン病には前述したうつ病がともないやすいが（Reijnders et al., 2008），パーキンソン病における情動理解の障害は，うつ病とは無関係に生じることも示唆されている（Gray et al., 2010）．

5.5 「プロソディの障害」のコミュニケーションモデル上の位置づけ

5.1節 e 項で述べた森（2012, 2014）のコミュニケーションモデルでは，脳の損傷によって生じる「プロソディの障害」を，どのように位置づけられるかを検討する．

森（2014）のモデルをもとに，各病態を位置づけたシェーマを図5.8に示す．まず，プロセス全体を「状況文脈」で包括した．これは，状況文脈の相違によって，メッセージの伝達に必要とされる言語機能やプロソディ機能の要求水準には，差異が生じると考えられるためである．極端な例をあげれば，感情を表出する「演技」を求められる状況文脈では，「パラ言語的メッセージ」の伝達に必要とされるプロソディ機能の水準は高くなることが予想される．

次に，各病態とモデル上の処理過程における対応について，①「失語症」は言語的メッセージの送受信の問題と位置づけることが可能である．なお，重度の失語症であっても，情動をともなった非常に明瞭な発話が偶発的に認められる場合があるが（山鳥，1985），本モデル上では心理状態から発話行動に直接至るルートが想定されており，臨床上の知見との整合性も高いものと思われる．②「アナルトリー」は，発話行動レベルの問題であり，聞き手が受信するすべての情報が変質する．ただし，最重度のアナルトリーを呈している場合であっても，その障害が純粋なものであれば，書字による言語的メッセージや，「ジェスチャー」や「表情」によるパラ言語メッセージによって，「意図」，「感情」，「態度」の送信はできる．

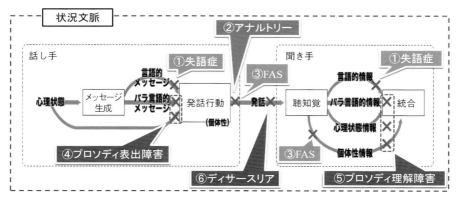

図 5.8 コミュニケーションモデル上に各病態を位置づけたシェーマ（森, 2014, 一部改変）

③「外国人アクセント症候群（FAS）」の場合は，まず発話行動レベルの問題により発話音が変質し，聞き手側が「個別性情報」を処理する際に「外国人らしさ」を知覚することで生じる病態と想定される．このように，「聞き手側」の情報処理を包含している森のモデルは，FASの病態解釈においてはとくに有用である．「アプロソディア」は，④表出面においては，パラ言語的メッセージと心理状態から発話行動に至る両者の経路の障害として，⑤理解面においては，パラ言語的情報，心理状態情報，個体性情報の理解の障害と位置づけられる．⑥「ディサースリア」の場合は，口腔構音器官の運動障害による発話音の変質として位置づけられる．

5.6　プロソディ処理の脳内機構に関する最近の知見

プロソディに関する脳内機構に関して，コンセンサスが得られている知見は少ない．ロスら（Ross et al., 1979, 2008；Ross, 1981）は，右半球が感情プロソディの処理に優位に働くことを示唆しているが，課題の特性や注意の所在に応じて，脳内処理機構はそのつど変化する説も有力視されている（Schirmer, 2006）．また，感情プロソディの処理に関しては，性差が認められるとする知見も多く，男性に比べ女性の方が，自動的かつ無意識的に感情的プロソディを処理していることが示唆されている（Schirmer, 2006）．

さらに，最近では，言語的プロソディの処理に関して，同じ日本語話者であっても，育った方言環境によって，異なる脳内処理が用いられることが報告されている（Sato et al., 2013）．具体的には，"雨"と"飴"や"雨"と"雨？"などのピッチの変化を聞き分ける際に，東京方言話者は左半球優位の反応を示したが，東北地方南部方言話者は，左半球と右半球が同程度の反応を示した．つまり，アクセントの差異を，東京方言話者は「単語の違い」として処理し，東北地方南部方言話者は「プロソディの違い」として処理していると考えられ，言語的プロソディ処理の半球間の優位性は，育った方言環境の影響によっても左右されることが示唆されている（Sato et al., 2013）．

なお，近年の感情プロソディ処理モデルにおいては，「感覚処理段階（sensory processing）」，「統合段階（integration）」，「認知段階（cognition）」からなる3段階仮説が提案されている（Schirmer et al., 2006）．処理プロセスの全体の流れを図5.9に示す．まず，「感覚処理段階」では，両側半球の聴覚皮質において，

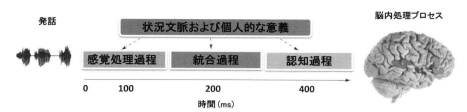

図 5.9 感情的プロソディ処理の 3 段階仮説と経時的な脳内処理プロセス（Schirmer et al., 2006，一部改変）［カラー口絵参照］

音響信号が処理される．この音響信号の処理過程については，左半球と右半球ではその性質が異なることが示唆されている．たとえば，左半球は，時間的な分解能力が高いため，発話中の素早い情報の変化をとらえることに鋭敏であり，右半球は，時間的な分解能力は低いものの，高さの変化などのスペクトル情報に鋭敏であることが示唆されている．次の「統合段階」では，側頭葉の後方領域から前方領域への経路によって，聴覚的な全体の印象が形成され，その音が「何であるのか」が同定される．この処理過程においても半球間に差異があり，左半球は言語的な情報の処理を担い，右半球はパラ言語的な情報（話し手の感情など）の処理を担うことが想定されている．最後の「認知段階」では，より高次な感情プロソディの処理が可能となるとされ，右半球の前頭葉下部および底部では，明示的な感情プロソディのもつ価値判断やカテゴリー化がなされ，皮肉や冗談など，意味的な処理に負荷がかかる場合には，左半球の前頭葉下部がその処理を担うことが想定されている．さらに，状況文脈や個人的な意義は，これらのすべての処理過程に影響を及ぼすことが示唆されている．なお，最近の事象関連電位を用いた音声知覚の研究においても，100 ms 前後の第 1 段階では生物か非生物かの区別

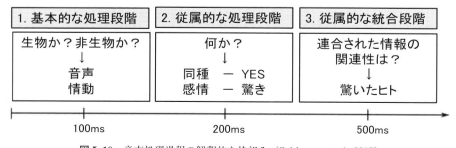

図 5.10 音声処理過程の解釈的な枠組み（Schirmer et al., 2017）

がなされ，200 ms 前後の第2段階では，その音源がヒトであるのかどうか，どのような感情であるのかが特定され，500 ms 前後の第3段階で「驚いたヒト」として全体的な統合がなされる，多段階の処理過程が提案されている（図5.10）（Schirmer et al., 2017）．

このような経時的かつ階層的な処理過程を想定することは，脳損傷者で認められるプロソディの処理に関する知見と，健常者を対象とした脳機能画像研究で認められる知見とのギャップを埋める手がかりとなることが期待されている（Schirmer et al., 2006）．

5.7 「プロソディの障害」の本質とは何か

これまで，脳の損傷によって生じる「プロソディの障害」について概説したが，この「プロソディの障害」は，実際のコミュニケーション場面においてどのような困難さを生じさせるのであろうか．「プロソディ」や「表情」などのメディアによる「ノンバーバル・コミュニケーション」は，他者理解や社会的認知といった文脈において，その重要性が説かれている．つまり，「プロソディ」が社会的なコミュニケーションの円滑化に寄与しているのであれば，その障害の本質も社会的コミュニケーションの場面において顕在化するものと考える．逆にいえば，訓練室や病院内という限られた環境においては，「プロソディ」の障害がもたらす困難さは検出されにくい可能性がある．

実際に，臨床神経心理学領域において，「プロソディ」研究の萌芽となったモンラッド=クローン（Monrad-Krohn, 1947b）とロスら（Ross et al., 1979）の症例報告にあらためて目を向けると，その症例が属する「社会的文脈」が，障害を顕在化させていることに気づかされる．モンラッド=クローンが報告した「ディスプロソディ（外国人アクセント症候群）」例は，第二次世界大戦中の空襲による頭部外傷後に，ドイツ語様の発話が生じたノルウェー人女性であった．その当時，ノルウェーを占領していた国はドイツであり，その女性はドイツ人に間違われることで不当な扱いを受けたことが記載されている．つまり，民族性を識別するための「固有プロソディ」の変化と，戦時中という社会的文脈の相互作用によって，社会的なコミュニケーション場面においての問題が生じてしまった一例といえる．また，ロスら（Ross et al., 1979）が最初に報告したアプロソディアを呈した女性患者の職業は「教師」であったことも，特筆すべき点である．つまり，

「教師」である患者は，日常的な会話で運用される「プロソディ」よりも，「学校の授業」のような，演出的かつ高度な「プロソディ」の操作能力が要求される社会的文脈におかれているために，「プロソディの障害」が，顕在化しやすかったのではないだろうか．このように，「プロソディの障害」とは，決してアプリオリな概念ではなく，環境の文脈や社会とのかかわりのなかで創発される概念としてとらえなおす必要がある．

　なお，筆者の経験では，小脳梗塞を発症し，失調性ディサースリアを呈した主婦の患者が，「子どもをうまく叱れない」と訴えたケースがあった．訓練場面における患者の発話は非常に明瞭で，各種の口腔構音器官の検査や日常会話上においては，ほぼ問題のないケースではあったが，退院後の患者の訴えによって初めて「プロソディ」の問題に気づかされた例である．患者のおかれている「社会的文脈」に目を向けなければ，「プロソディの障害」は見逃されてしまう可能性を，臨床家は自覚すべきである．

おわりに

　以上，臨床神経心理学的な立場から，「プロソディ」をめぐる諸問題について概説した．さらに，「プロソディの障害」への理解を深めるためには，患者のおかれている社会的文脈を出発点とすることの重要性を述べた．しかし，「プロソディ」に関する脳機能画像研究においては，「プロソディ」は状況文脈から切り離された状態で検討されており，実際のコミュニケーション場面とのギャップが存在することも事実である．冒頭でも述べたが，「プロソディ」は多くの「ノンバーバル・コミュニケーション」のメディアの一部にすぎず，「プロソディ」が選択的に障害されたとしても，「言語的情報」，「表情」，「身振り」を介して「意図」，「感情」，「態度」を送受信することは可能である．しかし，それでもなお，生活上の困難さを生じる環境や状況文脈にこそ，「プロソディ」が果たす役割の本質が隠れているのではないだろうか．たとえば，前述したディサースリアの患者は，表情や身振りによる感情の表出は保たれていたにもかかわらず，「子どもをうまく叱れない」という生活上の困難さを生じていた．ここで重要となるのは，「代償的なルートを使用したとしても，子どもをうまく叱れないのはなぜか？」，「子どもをうまく叱るために必要なプロソディの機能は何か？」という視点である．たとえば，子どもが危ないことをしようとしているときなど，「とっさの声

かけ」が必要となる状況文脈下では，当然ではあるが，発信者に対しての注目が前提となる「ジェスチャー」や「表情」は，「危険」というメッセージを伝える手段にはなりえない．さらに，子どもが近くにいれば，動きを止める「接触」によって，「危険」というメッセージを伝えられるが，子どもが遠く離れている場合には，十分な「速さ」と「強さ」を有し，なおかつ「怒り」，「恐れ」，「驚き」などの感情をともなった「プロソディ」でしか，「危険」というメッセージは伝達できない．このように考えると，「メッセージ」を伝達すべき場面において，「時間的・空間的な制約に抗することができる」という特性が，「プロソディ」の有する重要な役割の一つであるといえる．さらに，これらの具体例からは，時間的な制約がある状況文脈下でのプロソディの調整機構や，コミュニケーション対象の空間的な距離に応じたプロソディの調整機構などが存在するのかどうか，もし存在するとすれば，それはいったいどのような神経基盤に基づいているのか，といった新たな発想が展開される．このような実践的視点によって誘発される「プロソディ」に関しての仮説構築は，脳機能画像研究によって得られる知見とのギャップを埋める上で，重要な役割を果たす．今後，「プロソディ」に関する学際的研究のよりいっそうの活発化によって，患者に還元可能な「プロソディ」の知見が蓄積されてゆくことを期待したい．

[高倉祐樹・大槻美佳]

文　　献

Ardila A, et al：Foreign accent：an aphasic epiphenomenon? *Aphasiology* **2**, 493-499, 1988.

Benson DF：Aphasia, Alexia and Agraphia. Churchill Livingstone, 1979.（デイヴィッド・フランク・ベンソン，笹沼澄子ほか訳：失語・失読・失書．協同医書出版社，1983）

Benson DF, Ardila A：Aphasia：A Clinical Perspective. Oxford University Press, 1996.（D. F. ベンソン，A. アーディラ，中村裕子監訳：臨床失語症学，西村書店，2006）

Darley FL et al：Motor Speech Disorders. W. B. Saunders, 1975.

Duffy JR：Motor Speech Disorders：Substrates, Differential Diagnosis, and Management. St. Louis：Mosby, 1995.（苅安　誠監訳：運動性構音障害－基礎・鑑別診断・マネージメントー．医歯薬出版，pp 282-305, 2004）

藤崎博也：音声の韻律的特徴における言語的・パラ言語的・非言語的情報の表出．電子情報通信学会技術研究報告，HC，ヒューマンコミュニケーション **94**, 1-8, 1994.

福原正代ほか：アプロソディアを主徴とした右中大脳動脈領域の脳梗塞の1例．脳卒中 **16**, 55-60, 1994.

Graff-Radford J, et al：The neuroanatomy of pure apraxia of speech in stroke. *Brain & Language* **129**, 43-46, 2014.

Gray HM, et al：A meta-analysis of performance on emotion recognition tasks in Parkinson's disease. *Neuropsychology* **24**, 176-191, 2010.

波多野和夫ほか：言語聴覚士のための失語症学．医歯薬出版，pp 37-115，2002.

市川　熹：対話のことばの科学－プロソディが支えるコミュニケーション－．早稲田大学出版部，pp 1-5，2011.

石合純夫：高次脳機能障害学，第 2 版．医歯薬出版，pp 23-60，2012.

Itabashi R, Nishio Y, Yuka Kataoka, et al：Damage to the left precentral gyrus is associated with apraxia of speech in acute stroke. *Stroke* **47**, 31-36, 2016.

伊藤文晃ほか：プロソディと統合失調症－プロソディの脳神経機構と統合失調症におけるその障害－．脳と精神の医学 **16**，279-285，2005.

Jackson JH：On affection of speech from disease of the brain. *Brain* **1**, 304-330, 1879.

Kan Y, et al：Recognition of emotion from moving facial and prosodic stimuli in depressed patients. *J Neurol Neurosurg Psychiatry* **75**, 1667-1671, 2004.

近藤綾子ほか：自閉症スペクトラム障害児の発話におけるプロソディの特徴．聴覚言語障害 **42**，23-30，2013.

Mitchell RL, et al：Attitudinal prosody：what we know and directions for future study. *Neurosci Biobehav Rev* **37**, 471-479, 2013.

Monrad-Krohn GH：The prosodic quality of speech and its disorders（a brief survey from a neurologist's point of view）. *Acta Psychiatrica et Neurologica Scandinavica* **22**, 255-269, 1947a.

Monrad-Krohn GH：Dysprosody or alterd melody of language. *Brain* **70**, 405-415, 1947b.

森　大毅：話し言葉が伝えるものとは，結局何なのか？－概念の整理および課題－．第 1 回コーパス日本語学ワークショップ予稿集，387-392，2012.

森　大毅：話し言葉が伝えるもの．国語研プロジェクトレビュー **4**，183-190，2014.

Myers PS：Right hemisphere damage；disorders of communication and cognition. Singular Pub Group, 1998.（宮森孝史監訳：右半球損傷－認知とコミュニケーションの障害－．協同医書出版社，pp 79-98，2007）

中野明子ほか：失語を伴わない foreign accent syndrome 2 例の検討．神経心理学 **12**，244-250，1996.

大黒岳彦：ノンバーバル・コミュニケーションの諸相．情報コミュニケーション学研究 **1**，104-116，2005.

大槻美佳：Anarthrie の症候学．神経心理学 **21**，172-182，2005.

大槻美佳：失語．神経内科 **65**，249-258，2006.

大槻美佳：言語機能の局在地図．高次脳機能研究 **27**，231-243，2007.

大槻美佳：失語症．高次脳機能研究 **29**，194-205，2009.

レー・チュン・ズンほか：ベトナム人日本語学習者の発音習得－発音熟達者のラーニングヒストリーからの提案－．日本語教育方法研究会誌 **17**，62-63，2010.

Reijnders JS, et al：A systemic review of prevalence studies of depression in Parkinson's disease. *Mov Disord* **23**, 183-189, 2008.

Ross ED, et al：Dominant language functions of the right hemisphere? Prosody and emotional gesturing. *Arch Neurol* **36**, 144-148, 1979.

Ross ED：The aprosodias. Functional-anatomic organization of the affective components of language in the right hemisphere. *Arch Neurol* **38**, 561-569, 1981.

Ross ED, et al：Neurology of affective prosody and its functional–anatomic organization in right hemisphere. *Brain and Language* **104**, 51-74, 2008.

Rutherford MD, et al：Reading the mind in the voice：a study with normal adults and adults with Asperger syndrome and high functioning autism. *Journal of Autism and Developmental Disorder* **32**, 189-194, 2002.

Sato Y, et al：Dialectal differences in hemispheric specialization for Japanese lexical pitch accent. *Brain and Language* **127**, 475-483, 2013.

Schiff HB, et al：Aphemia：Clinical-anatomic correlations. *Archives of Neurology* **40**, 720-727, 1983.

Schirmer A, et al：Beyond the right hemisphere：brain mechanisms mediating vocal emotional processing. *Trends in Cognitive Sciences* **10**, 24-30, 2006.

Schirmer A, et al：Temporal signatures of processing voiceness and emotion in sound. *Social Cognitive and Affective Neuroscience* **12**, 902-909, 2017.

Shallice T, et al：Auditory verbal short-term memory impairment and conduction apahsia. *Brain and Language* **4**, 479-491, 1977.

相馬芳明：失語古典分類の問題点とその再構築への試み．神経心理学 **13**, 162-166, 1997.

Takayama Y, et al：A case of foreign accent syndrome without aphasia caused by a lesion of the left precentral gyrus. *Neurology* **43**, 1361-1363, 1993.

上野徳美：対人行動の心理．人間関係の心理と臨床（高橋正臣監修），北大路書房，pp 22-41, 1995.

山鳥　重：神経心理学入門．医学書院，pp 157-251, 1985.

山本敏之ほか：ディスプロソディを主徴とし環境音失認をともなった右側頭葉血流低下の1例．臨床神経学 **44**, 28-33, 2004.

●あとがき

　言語も芸術もホモ・サピエンスのみに発達した領域です．一方情動は，進化論的には古い機能です．言語には情報の伝達だけではなく，情動の伝搬の機能があります．確かに話し言葉には情動的プロソディ（emotional prosody）が付加されます．啼く，唸る，吠えるの延長にある機能でしょう．情動的プロソディの付加や理解は右半球で行われ，右半球損傷でアプロソディア（aprosodia）が生じるという説が示されています．言語が左半球で，情動的プロソディが左半球で処理されているのなら，二重乖離することが考えられますが，確かな証拠はありません．そもそも情動的プロソディだけが言語の有する情動性ではありません．言語そのものがもつ情動性にも注目すべきではないでしょうか．

　演劇では両者が駆使されて情動が表現されます．詩歌や文学は純粋に言葉のみで優美，嫌悪，怒り，悲しみなどが表現され，受け手に伝えられます．芸術は情動を喚起するものですが，たいていは知を介してです．素材を知覚し，脈絡を理解して初めて情動が喚起されるように思われます．ここには明らかに階層性があります．一方，音楽や舞踏，美術においては知を介さず，直接情動を惹起するものもあるかもしれません．そうであれば芸術における知と情動の二重乖離が示し得るかもしれませんが，私は未だそのような例を見たことも聞いたこともありません．

　実際，本書で語られているのはおおむね刺激素材に対する知的処理の部分です．音楽に関しては，失音楽症のように知的処理が困難になること，また知的処理ができるのに美醜の判断や快不快，情動が喚起されないという現象があることが知られています．知的処理が介在せずに美醜の判断が可能で，さらに情動が喚起されるということがあるのでしょうか．また言語とは異なり，この領域では人々の価値観，嗜好が多様性をもちます．たとえば，多くの人にはグロテスクで嫌悪をもたらすものが，一部の人にはきわめてエロティックで甘美ということもあります．

　神経科学はこれにどう答えることができるのでしょうか．芸術は単純なモデル

をそう簡単には受けいれない世界のように思われますが，本書の著者たちは現時点での知見をもとに，これらのなぞに果敢に挑んでいただいたことに謝意を表したいと思います．

　2018 年 3 月

森　悦朗

●索　引

欧　文

ACC　42, 49
AD　60
ALS　71
bvFTD　60
cACC　49
CIELAB 均等色空間　37
CIEXYZ 表色系　37
DLPFC　8, 19, 42
DLT　92
DMN　7
EBA　18
FAS　126, 135
fMRI　2
FTD　60, 76
GEMS　12
IAPS　110
ICDs　73
ILF　106
LGN　36
MAP　110
MBEA　100
MMSE　93
mOFC　6, 11, 48
NIFID　77
OFC　48
PCC　49
rACC　49
RBMT　93
RCPM　93
SCR　106
tDCS　18
TMS　18

ア　行

愛情　59

アクセント　136
アナルトリー　124, 135
アパシー　74
アプロソディア　118, 127, 128,
　136
アルコール性認知症　77
アルツハイマー病　60, 74
安静時脳機能結合　61

一次視覚野　37
韻律的特徴　119

ウェルニッケ失語症　62
うつ病　134
運動野　16

音韻性錯語　133
音楽性幻覚　95
音楽性健忘　87
音楽性失行　87
音楽性失書　87
音楽性失読　87
音楽的情動　111
音楽適性プロファイル　110
音楽美　9
音楽無感症　103, 105, 107, 113
音符聾　100
音名　97

カ　行

快　25
外国人アクセント症候群　126,
　135, 138
外側基底核　103
外側膝状体　36
階名　97
下縦束　106
歌唱性失音楽　87

歌唱てんかん　97
楽器性失音楽　87
加法混色　35
カラーセンター　40
眼窩前頭皮質　48
感情的愛着　59
感情プロソディ　121
緩徐進行性神経病変　71
感動　6

記憶色　42
機能局在　4
機能的核磁気共鳴撮像法　2
筋萎縮性側索軟化症　71

芸術的感動　6
芸術的創造性　8
芸術表現　56
経頭蓋磁気刺激法　18
経頭蓋直流電流刺激法　18
幻覚　94
言語　62
言語性短期記憶障害　133
言語的情報　121
言語的プロソディ　120
減法混色　33

恒常性　43
行動障害型 FTD　60
後部帯状皮質　49
国際感情画像システム　110
五次視覚野　22
好み　59
固有プロソディ　120

サ　行

彩度　36
錯メロディ　87

索　　引

三色説　36

視覚芸術美　3
視覚性感情欠乏症　57
視覚性情動低下症　105
色覚中枢　40
色彩調和　44, 51
色相　36
失音楽症　58, 85, 102
失構音　124
失語症　86, 123, 135
失名辞　76
自閉症スペクトラム障害　134
醜　14
主観性　2
ジュネーブ情動音楽尺度　12
受容性失音楽　86
純粋失音楽症　87
情動経験　105
衝動性　64
衝動制御障害　73
情動知覚　105
情動プロソディ　120
神経細胞中間径フィラメント封
　入体病　77
神経心理学　56
神経美学　1
審美的判断と知覚的判断　12

数学的美　22

舌状回　40
線条皮質　39
先天性失音楽　86, 99
前頭極　49
前頭前野背外側部　8, 42
前頭側頭型認知症　60, 76
前部帯状皮質　42, 49

想起　87
双極性障害　67
操作脳科学　17
創造性　8, 56
側坐核　104

タ　行

帯状皮質　49
大脳性色覚障害　41
大脳皮質基底核変性症　65, 78
大脳辺縁系　102

知的プロソディ　120
中隔核　104
中心核　103
聴覚性失感情症　58
調性失認　87
調和配色　50

ディサースリア　124, 133, 136
ディスプロソディ　127, 138
ディフォルトモードネットワー
　ク　7
伝導性失音楽　87

島　112
統合失調症　134
道徳美　23
島皮質　25
ドパミン　6, 73
ドパミン作業性薬　73

ナ　行

内側眼窩前頭皮質　6, 48
内側前脳束　104

二重解離の法則　111
認知神経科学　2

脳機能障害　57
脳血管障害　62
脳刺激法　17
脳神経科学　29
脳梁離断症状　91
ノンバーバル・コミュニケー
　ション　118

ハ　行

背外側前頭前野皮質　8, 19

背側経路　38
パーキンソン病　72, 134
発語失行　124
発散的思考　61
話し言葉　118
パペッツ回路　104
パラ言語的情報　121
反対色説　36

非具象的美　20
非言語的情報　121
皮質内側核　103
尾側部　49
美度　47
皮膚伝導反応　106
表出性失音楽　86

腹側経路　38
腹側線条体　6
腹側被蓋野　104
不調和配色　50
プロソディ　113, 118, 120
　──の障害　133, 138
　──の表出障害　132
　──の復唱障害　133
　──の理解障害　132
プロソディ処理の脳内機構
　136
吻側部　49

扁桃体　16, 48, 49

方言　136
報酬系　6, 104
紡錘状回　40
ボクセル　26

マ　行

マッカロー効果　41
マンセル表色系　37

醜さ　14
ミニメンタルステート検査　93

無感症　103, 104

明度　36

盲視　39
網膜　32
モンドリアン図形　40
モントリオール失音楽評価バッ
　　テリー　100, 110

ヤ　行

有線外身体領域　18

四次視覚野　40

ラ　行

リズム失認　87

離断症候群　92
リバーミード行動記憶検査　93
両耳分離聴検査　92

レーヴン色彩マトリックス検査
　　93, 109
レチノトピー　37
レビー小体型認知症　76

編者略歴

川畑秀明（かわばた・ひであき）

1974 年　鹿児島県に生まれる
2001 年　九州大学大学院人間環境学研究科博士課程修了
現　在　慶應義塾大学文学部人文社会学科・教授
　　　　博士（人間環境学）

森　悦朗（もり・えつろう）

1951 年　福井県に生まれる
1982 年　神戸大学大学院医学研究科博士課程修了
現　在　大阪大学大学院連合小児発達学研究科・寄附講座教授
　　　　東北大学名誉教授
　　　　医学博士

情動学シリーズ 10
情動と言語・芸術
　－認知・表現の脳内メカニズム－　　　　定価はカバーに表示

2018 年 5 月 15 日　初版第 1 刷

編　者　川　畑　秀　明
　　　　森　　　悦　朗
発行者　朝　倉　誠　造
発行所　株式会社　朝　倉　書　店
　　　　東京都新宿区新小川町 6-29
　　　　郵 便 番 号　162-8707
　　　　電　話　03（3260）0141
　　　　Ｆ Ａ Ｘ　03（3260）0180
　　　　http://www.asakura.co.jp

〈検印省略〉

Ⓒ 2018〈無断複写・転載を禁ず〉　　　　印刷・製本 東国文化

ISBN 978-4-254-10700-5　C 3340　　　Printed in Korea

JCOPY ＜（社）出版者著作権管理機構 委託出版物＞

本書の無断複写は著作権法上での例外を除き禁じられています．複写される場合は，
そのつど事前に，（社）出版者著作権管理機構（電話 03-3513-6969，FAX 03-3513-
6979，e-mail: info@jcopy.or.jp）の許諾を得てください．

慶大 渡辺 茂・麻布大 菊水健史編
情動学シリーズ 1

情 動 の 進 化
―動物から人間へ―

10691-6　C3340　　　　A 5 判 192頁　本体3200円

情動の問題は現在的かつ緊急に取り組むべき課題である。動物から人へ，情動の進化的な意味を第一線の研究者が平易に解説。〔内容〕快楽と恐怖の起源／情動認知の進化／情動と社会行動／共感の進化／情動脳の進化

広島大 山脇成人・富山大 西条寿夫編
情動学シリーズ 2

情 動 の 仕 組 み と そ の 異 常

10692-3　C3340　　　　A 5 判 232頁　本体3700円

分子・認知・行動などの基礎，障害である代表的精神疾患の臨床を解説。〔内容〕基礎編(情動学習の分子機構／情動発現と顔・脳発達・報酬行動・社会行動)，臨床編(うつ病／統合失調症／発達障害／摂食障害／強迫性障害／パニック障害)

学習院大 伊藤良子・富山大 津田正明編
情動学シリーズ 3

情 動 と 発 達・教 育
―子どもの成長環境―

10693-0　C3340　　　　A 5 判 196頁　本体3200円

子どもが抱える深刻なテーマについて，研究と現場の両方から問題の理解と解決への糸口を提示。〔内容〕成長過程における人間関係／成長環境と分子生物学／施設入所児／大震災の影響／発達障害／神経症／不登校／いじめ／保育所・幼稚園

東京都医学総合研究所 渡邊正孝・京大 船橋新太郎編
情動学シリーズ 4

情 動 と 意 思 決 定
―感情と理性の統合―

10694-7　c3340　　　　A 5 判 212頁　本体3400円

意思決定は限られた経験と知識とそれに基づく期待，感情・気分等の情動に支配され直感的に行われることが多い。情動の役割を解説。〔内容〕無意識的な意思決定／依存症／セルフ・コントロール／合理性と非合理性／集団行動／前頭葉機能

名市大 西野仁雄・筑波大 中込四郎編
情動学シリーズ 5

情 動 と 運 動
―スポーツとこころ―

10695-4　C3340　　　　A 5 判 224頁　本体3700円

人の運動やスポーツ行動の発現，最適な実行・継続，ひき起こされる心理社会的影響・効果を考えるうえで情動は鍵概念となる。運動・スポーツの新たな理解へ誘う。〔内容〕運動と情動が生ずる時／運動を楽しく／こころを拓く／快適な運動遂行

東京有明医療大 本間生夫・帯津三敬病院 帯津良一編
情動学シリーズ 6

情 動 と 呼 吸
―自律系と呼吸法―

10696-1　C3340　　　　A 5 判 176頁　本体3000円

精神に健康を取り戻す方法として臨床的に使われる意識呼吸について，理論と実践の両面から解説。〔内容〕呼吸と情動／自律神経と情動／香りと情動／伝統的な呼吸法(坐禅の呼吸，太極拳の心・息・動，ヨーガと情動)／補章：呼吸法の系譜

味の素 二宮くみ子・玉川大 谷　和樹編
情動学シリーズ 7

情 動 と 食
―適切な食育のあり方―

10697-8　C3340　　　　A 5 判 264頁　本体4200円

食育，だし・うまみ，和食について，第一線で活躍する学校教育者・研究者が平易に解説。〔内容〕日本の小学校における食育の取り組み／食育で伝えていきたい和食の魅力／うま味・だしの研究／発達障害の子供たちを変化させる機能性食品

国立成育医療研 奥山眞紀子・慶大 三村　將編
情動学シリーズ 8

情 動 と ト ラ ウ マ
―制御の仕組みと治療・対応―

10698-5　C3340　　　　A 5 判 244頁　本体3700円

根源的な問題であるトラウマに伴う情動変化について治療的視点も考慮し解説。〔内容〕単回性・複雑性トラウマ／児童思春期(虐待，愛着形成，親子関係，非行・犯罪，発達障害)／成人期(性被害，適応障害，自傷・自殺，犯罪，薬物療法)

富山大 小野武年著
脳科学ライブラリー 3

脳 と 情 動
―ニューロンから行動まで―

10673-2　C3340　　　　A 5 判 240頁　本体3800円

著者自身が長年にわたって得た豊富な神経行動学的研究データを整理・体系化し，情動と情動行動のメカニズムを総合的に解説した力作。〔内容〕情動，記憶，理性に関する概説／情動の神経基盤，神経心理学・行動学，神経行動科学，人文社会学

前首都大 市原　茂・岩手大 阿久津洋巳・
お茶の水大 石口　彰編

視覚実験研究ガイドブック

52022-4　C3011　　　　A 5 判 320頁　本体6400円

視覚実験の計画・実施・分析を，装置・手法・コンピュータプログラムなど具体的に解説。〔内容〕実験計画法／心理物理学的測定法／実験計画／測定・計測／モデリングと分析／視覚研究とその応用／成果のまとめ方と研究倫理

上記価格 (税別) は 2018 年 4 月現在